U0392236

国家出版基金项目
NATIONAL PUBLICATION FOUNDATION

传世技艺

服装手工高级定制技艺研究 2

毛样缝制技术卷

吴国英　许才国　著

东华大学出版社

·上海·

图书在版编目 (CIP) 数据

传世技艺：服装手工高级定制技艺研究 . 2，毛样缝制技术卷 / 吴国英，许才国著 .
—上海：东华大学出版社，2021.1
ISBN 978-7-5669-1862-8

I. ①传… II. ①吴… ②许… III. ①服装缝制 IV. ① TS941

中国版本图书馆 CIP 数据核字 (2021) 第 011008 号

责 任 编 辑： 徐 建 红
技 术 编 辑： 季 丽 华
书 籍 设 计： 东华时尚

出　　　　版：东华大学出版社（地址：上海市延安西路1882号　邮编：200051）
本 社 网 址：dhupress.dhu.edu.cn
天猫旗舰店：http://dhdx.tmall.com
销 售 中 心：021-62193056　62373056　62379558
印　　　　刷：上海盛通时代印刷有限公司
开　　　　本：889mm×1194mm　1/16
印　　　　张：13
字　　　　数：450千字
版　　　　次：2021年1月第1版
印　　　　次：2021年1月第1次印刷
书　　　　号：ISBN 978-7-5669-1862-8
定价（三册）：298.00元

作者简介

吴国英

　　服装高级（一级）技师，浙江理工大学服装学院兼职教授，杭州市技师协会委员会专家。担任服装手工高级定制技术总监和技术导师 25 年，是四家手工高级定制服装企业和一家"手工高级定制服装技术研发中心"创始人。致力于服装高级定制技术的研究和实践，主要研究中国红帮裁缝技艺与英式高级定制服装技艺，并将两种技艺进行融合与创新，拥有服装手工高级定制技术专利 18 项，发表论文多篇。获得首届"杭州工匠"和"浙江省工匠"称号、杭州市高技能人才政府津贴等。成立"吴国英服装设计服装定制技能大师工作室"，积极传授技艺，培养服装手工高级定制技术人才。

许才国

　　宁波大学昂热大学联合学院副教授，香港理工大学纺织与制衣系访问学者，宁波大学"一带一路"研究院（浙江省新型智库）研究员。主要从事定制服装设计研究、品牌服装设计与理论研究、皮革服装设计研究、时尚产业经济研究。出版"十二五"普通高等教育本科国家级和其他部委级规划教材共计 5 本，发表论文多篇，多次获得国内外服装设计奖项，担任服装企业兼职设计师，多次指导学生获得全国服装设计赛事奖项。

前　言

──

　　从广义上讲，除了批量生产的成衣以外，所有依照个人特点制作的服装都属于定制服装。其分类以及表现形式多种多样，说法不一。作为服装的一个分支，定制服装在业内通常分为高级定制服装与普通定制服装两个等级。

高级定制服装与普通定制服装的区别

	高级定制服装	普通定制服装
设　计	由顶级服装设计师或设计团队负责设计，代表着本品牌的最高设计水平，为顾客度身定制，力求服装与人体完美契合，充分体现顾客的精神气质	视经营规模而定，有的小规模定制店并没有自己的设计师，多为经营者根据顾客需求进行设计制作
材　料	用料考究，多选用工艺精良、性能稳定的高档材料。强调个性，常采用限量定制材料或买断材料的方式来防止定制服装被仿制，从而确保顾客定制的服装是独一无二的	为了降低成本，多选用普通的面料、辅料来制作服装
工　艺	全手工制作，强调精湛的手工工艺，制作时不厌其"繁"，力求极致	非全手工制作，只在局部采用手工制作，其制作工艺相对简单
顾　客	多为身份特殊的高端客户，如政界要人、王室贵族、商业巨子、豪门名媛、社会名流等，以及其他一些非常讲究品质的高收入者	多为追求个性、乐于表达自己的一般高收入者，或是特体人群
成　本	面向高端客户的专属定制服装，其设计、工艺、材料等成本都相对较高，用于经营与销售的公关成本及提升品牌形象的费用也较高	由于产品面向一般高收入者，而这些顾客对服装价格较为敏感，所以需尽量控制成本

　　从顾客的消费情感体验角度来说，区分高级定制服装与普通定制服装的关键因素是从事高级定制业务的品牌企业在定制业务中所提供的服务质量。高级定制服装品牌企业从顾客一开始步入店堂到服装的设计、制作、试穿、修正，直至成品交付，再到后期的产品维护与再续业务，都会围绕着定制业务一丝不苟地为顾客提供全方位、高水准的服务，顾客在此过程中尽享高级定制所带来的身心愉悦。

高级定制服装的定义

　　高级定制服装是一种为少数具有高品质生活方式的人群服务的单量单裁手工定制服装，由高级定制品牌的顶级设计师或团队为顾客亲力打造，具有顶级的设计、优质的材料、精湛的做工、高昂的价格等特征，通常适用于特定的场所。

在西方服装高级定制行业，对男女高级定制服装的定义或称谓是有所区别的。在女装领域，世界公认的高级定制服装叫 Haute Couture（高级女装），多特指法国高级女装；而在男装领域，世界公认的则是英国萨维尔街出品的 Fully Bespoke（全定制），即英式高级定制，是全球政要、皇室成员、各界明星定制服装的首选。

本套书研究的服装手工高级定制技艺属于全定制，在传承中国红帮裁缝传统手工技艺的基础上，还融合了萨维尔街英式高级定制服装的古老手工技艺。

服装手工高级定制流程

服装高级定制是采用专业技术对顾客进行一对一服务的过程。以一套西装为例，从开始到完成，整个流程一般需要花费 3 个月左右的时间，经过 2 次试样，包括下单后 1 个月左右第一次试样，2 个月左右第二次试样（具体时间取决于顾客配合试样的时间），然后再过 1 个月取衣。

定制流程如下所示：

1. 第一次见顾客。了解顾客需求，明确定制服装使用的场合和时间等，协助顾客确定面料、款式并完成量体。

2. 根据顾客的订单，订购面料和里布。订购需要 2~3 周时间，在此期间进行一对一的制板。

3. 裁剪面料及配备辅料后，进行毛样制作。需花费大约 25 小时，手工针累计 3 500 针左右，方能完成符合人体立面形态的毛样缝制。

4. 约请顾客试样。第一次试样是毛样试穿，需处理毛样在人体静、动状态下的平衡度，并给出技术处理方案。

5. 技术方案处理。先在纸样上实施可行性操作，修正技术方案。然后将毛样全部拆掉，采用修正后的方案对衣片进行再裁剪。

6. 手工净样缝制。净样缝制需花费大约 30 小时，手工针累计 8 000 针左右。

7. 约请顾客二次试样。观察顾客的穿着效果，并给出细节处理技术方案。

8. 调整净样。先调整纸样，然后根据需要确定调整范围。拆净样花费的时间相当于缝制净样所需的时间。

9. 精工艺制作。通过手工缝制实现对已经完成立面造型衣片的定型作用，故需要使用手工针对不同衣片的每块立面进行密集型的缝制，并加入归拔熨烫工艺。从手工缝制到熨烫定型、冷却保型通常需花费大约 50 小时，累计手工针 12 000 针左右。

10. 约请顾客取衣。协助顾客最后一次试衣，并告知顾客日后如果身材发生变化，可以随时调整服装的放量，以达到合体效果。

服装手工高级定制技艺的传承

长期以来，在服装领域，师徒传承模式、技术保护主义导致手工高级定制技艺成为一门普通人很难学到的高端手艺，再加上服装手工高级定制的很多操作技巧很难用语言文字来精确表达和描述，所以国内外至今尚未有非常完整系统地介绍服装手工高级定制技艺的书籍出版。

本套书分《制板技术卷》《毛样缝制技术卷》《精工艺制作技术卷》3 卷，采用图解形式，分步骤详细地记录、解密服装手工高级定制的全部技艺，系统完整地传授服装手工高级定制以往密不外传的高端技艺。希望本套书的出版能够为我国服装手工高级定制技艺的研究和传承，以及人才培养作出贡献。

作　者

目 录

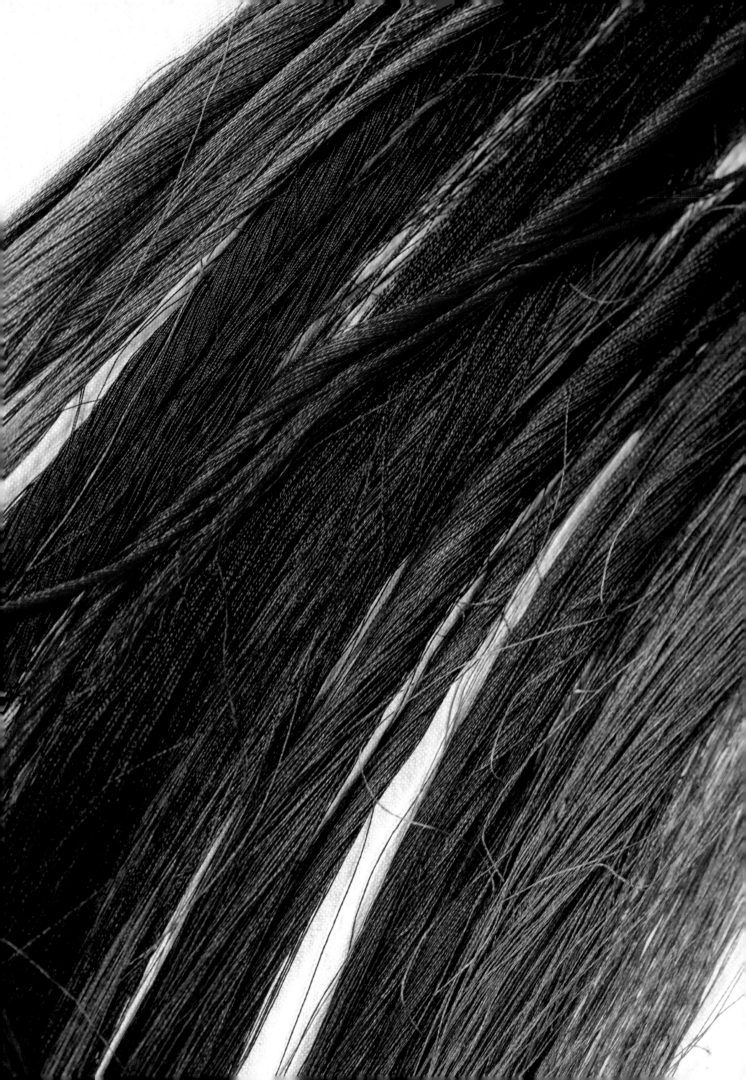

第一章
工具、材料
及常用术语

　　毛样制作工具与材料主要包括两大类：一是各种立面熨烫工具和辅助造型用具、手工缝制工具与缝纫线等；二是制作服装的毛样衣片和辅料。

　　手工高级定制服装的毛样制作以手工技艺为技术核心，承袭传统意义上的"裁缝"式一对一服务顾客的工作模式，具有一系列常用术语。

第一节

常用工具与材料

手工高级定制服装常用工具与材料可以分为三大类：（1）立面熨烫工具，包括各式木质烫台、各种软垫沙包及各类熨斗；（2）手工缝制工具与材料，包括不同规格型号的手工针、顶针，以及各种不同材质的缝纫线等；（3）辅助工具。

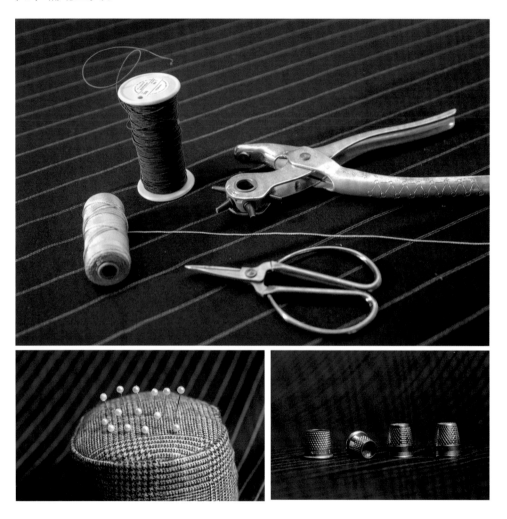

一、立面熨烫工具

1. 木质烫台

大号木架袖烫台。烫台两端圆头大小不一，上层是软质的，表面用布料包裹，底座是木质的。主要用于立面熨烫袖子的各个部位，在制作袖里布时也可将其作为辅助工具。大号木架袖烫台常用于男装熨烫工艺。

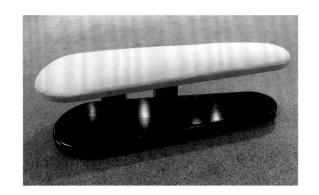

中号木架袖烫台。除具有上述大号木架袖烫台的功能外，中号木架袖烫台还用于熨烫局部弧面。两端圆头可以用于熨烫弧形结构线，边缘可以用于熨烫直线结构线。中号木架袖烫台常用于女装熨烫工艺。

背型木架烫台。用于衣服的肩背部、衣身等面积相对较大部位的局部造型熨烫。使用时将衣片套在烫架上，依据各个部位的不同弧面进行立面熨烫。

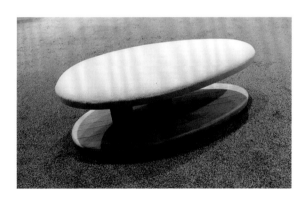

多功能角度木架烫台。用于熨烫各种不同形态和角度，如各种形态的袋盖、上衣下摆、袖衩角度等。熨烫时将熨烫部位的缝份朝外套在木架上，选择与该部位造型相匹配的角度，进行分缝熨烫。

驼背木架烫台。主要用途有三类：(1) 在手工缝制毛样袖子外侧缝时，为了便于操作，可将驼背木架作为辅助工具套入袖子；(2) 在归拔服装胸型时，可将一半衣片呈90°靠在驼背木架上，熨烫另一半衣片；(3) 在熨烫时，用驼背木架按压缝线，可以稳固熨烫部位，协助塑型。

飞机木架烫台。烫台一端的弧形头常用于熨烫西装前止口弧形下摆，另一端的尖头部位可用于戗驳领尖角造型的分缝熨烫。

2. 软垫沙包

大小头软垫沙包。使用时可以将其叠放在大号木架袖烫台上，增加工作台面的高度，以便熨烫部位充分展开。常用于上衣的肩、背、胸、腰、下摆等部位的立面熨烫。

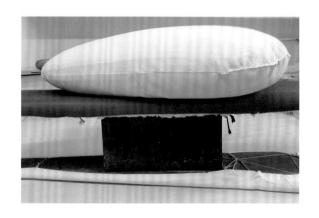

方形软垫沙包。主要用于辅助大小头软垫沙包，起到调节工作台面高低、适应熨烫区域大小的作用。常用于熨烫尺寸较小的上衣肩、领、下摆等部位。

　　圆形软垫小沙包。主要用于整烫较为明显的立面部位，例如肩胛骨、大肚体型的腹围、大胸体型的胸围等局部造型的修正熨烫。

　　袖口软垫沙包。主要用于整烫各类袖口，也可作为手工缝制袖口及其他圆形小件立面时的衬垫。

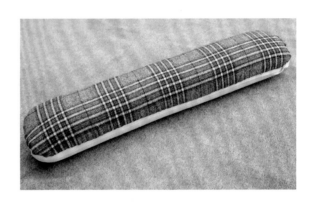

　　长方形软垫沙包。常作为手工锁眼和钉扣时的辅助工具。操作时，将立面的止口边置于软垫沙包上，使其局部线段完全展开，然后测得正确的扣眼间距，再进行手工锁眼和钉扣。

3. 熨斗

手工高级定制服装常用的熨烫工具有挂瓶式熨斗和小型蒸汽熨斗两种。

挂瓶式熨斗。需配备吊挂式储水瓶，熨斗加热后可以产生水蒸汽，供熨烫工艺使用。

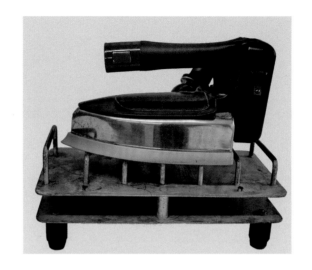

小型蒸汽熨斗。配有小型蒸汽发生器，通常有蒸汽熨烫和干烫两种模式，可根据需要切换使用。

提示：为了避免因水质不好形成水垢堵塞熨斗喷气孔，灌入熨斗的水最好是过滤后的纯净水。需定期使用防锈物品擦拭熨斗底盘，以保持清洁，避免产生熨烫污迹。熨斗需放置在专业垫架上，一方面可起到安全隔离作用，另一方面可使熨斗底盘保持干燥和清洁。

二、手工缝制工具与缝纫线

1. 手工针

手工针有粗细和长短之分。通常，细短针用于缝制里布，粗短针用于锁缝手工扣眼，细中针用于缝合面料，粗中针用于钉纽扣，细长针用于打线钉，而粗长针用于手工扎衬等。为避免操作时手工针发生变形，通常对手工针的硬度要求比较高。

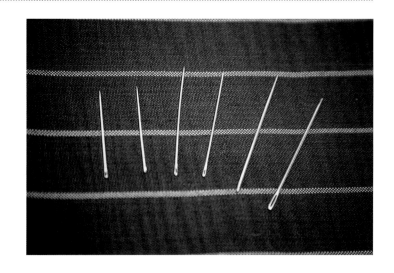

2. 顶针

作为与手工针配合使用的辅助工具，顶针可以顶起手工针以免扎手，起到保护手指的作用。款式有戴在中指头上和套在中指中部之分，可根据手指粗细选择不同直径的顶针。

手工高级定制服装上手缝线迹的美观程度，取决于运用手工针的熟练程度与操作技术。正确使用顶针和手工针的手势与步骤如下：

（1）选择宽窄适中的布条，将布条在右手中指第二指节上绕一圈，打单结。

（2）中指弯曲，将布带绕到中指第三指节上并打双结。

（3）套上符合中指尺寸的顶针后，大拇指和食指捏着手工针，反复转动手和手腕，练习用针的手势。

3. 缝纫线

手工棉线。相对于丝光线和普通车缝线而言，手工棉线牢度较强，具有生涩感，不易滑落。用手工棉线打的线钉能够很好地固定在面料上，不易脱落。手工棉线用于手工扎衬时，可以较好地保持胸衬内各层材料的相互牵制，使胸衬更牢固。

真丝线。真丝线用于手工缝制里布时不容易脱落，用于手工锁眼时具有光泽感和较好的牢度，用于手工珠边工艺时具有装饰作用。真丝线还常用于手工缲缝袖窿圈，可以起到固定袖窿圈丝缕的作用。

车缝线。车缝线的颜色应配备齐全，使用时需根据服装款式、设计风格选择相匹配的车缝线。由于高定服装多为正装，通常根据面料颜色选择配色线，也可以根据设计需求选择撞色线，起到装饰作用。

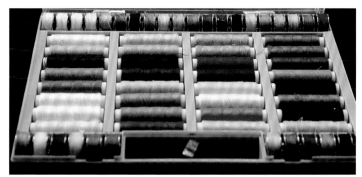

三、辅助工具

压板。压板为金属材质，比较重，用于裁剪或归烫造型时压在面料上，以免因面料滑动导致丝缕变形。

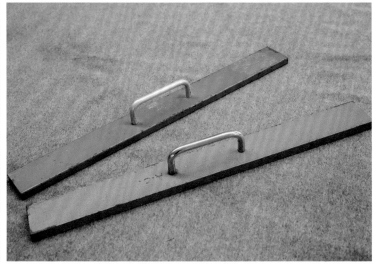

针垫。针垫主要用于熨烫丝绒和羊绒类面料。熨烫时将面料正面朝向针垫，在面料反面进行熨烫，以免毛绒面的自然效果因压烫而受到破坏。

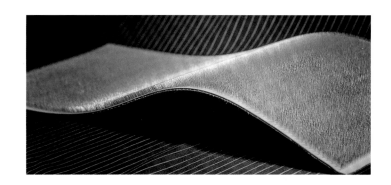

珠针。珠针用途广泛，在裁剪面辅料过程中，常被用来别住上下层材料，以免丝缕发生移位。在试样时，珠针可以被用来别住、标记余量。珠针型号有长短之分，需根据面料的厚薄选用。

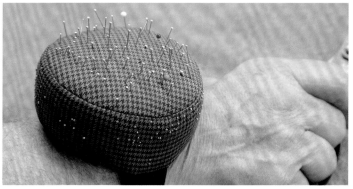

车缝辅助条。用于辅助车缝省道等短距离直线。可以裁剪一条有硬度的裤子腰衬，抽掉靠近边缘的一根直丝，沿抽掉的直丝修剪出直线边。操作时，将这条直线边对准要车缝的划粉线，用缝纫机压脚压住辅助条后，沿着辅助条的直线边车缝。用这种方法车缝出的直线效果很好。

剪刀。包括各类大、中、小号剪刀。大号剪刀用于裁剪面料，中号剪刀用于修剪面辅料，小号剪刀用于剪线头，花剪用于修边。

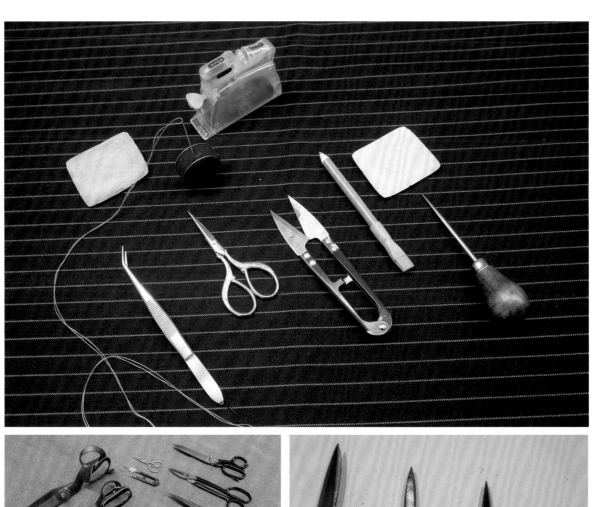

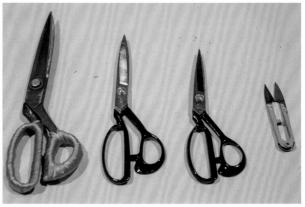

毛样领型衬样板。用于裁剪领衬、领底呢毛样时画样。类似的裁剪与制作辅助用品还有袋型、衩型样板等。

削划粉盒。一款刀片与收纳盒的组合物，用于削薄各类划粉，以保持画样时划粉线细致、精确。削下的划粉末集中在收纳盒里，不会污染面辅料。

拆毛样工具组合。毛样假缝、试穿后，需要拆解毛样、修正试穿环节所记录的细节问题，为后续精工艺制作做好准备。拆毛样时使用的配套小工具主要有不同型号的拆线剪刀、拆线器和锥子、镊子、划粉、记号笔等辅助工具。

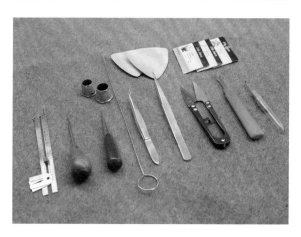

划粉。高级定制服装对划粉的质量要求较高，所使用的划粉必须质地坚硬、不易掉粉，所画线条必须精细、清楚。

画线工具。画线工具在功能上分制板画线工具和制作过程中的画线工具两种。多功能短线弧形尺用于辅助绘制袖窿弧线局部线段；多功能长线弧形尺用于辅助绘制大、小袖片合缝形态结构线。画线工具在形状上分直尺、直角尺、小逗号尺等。

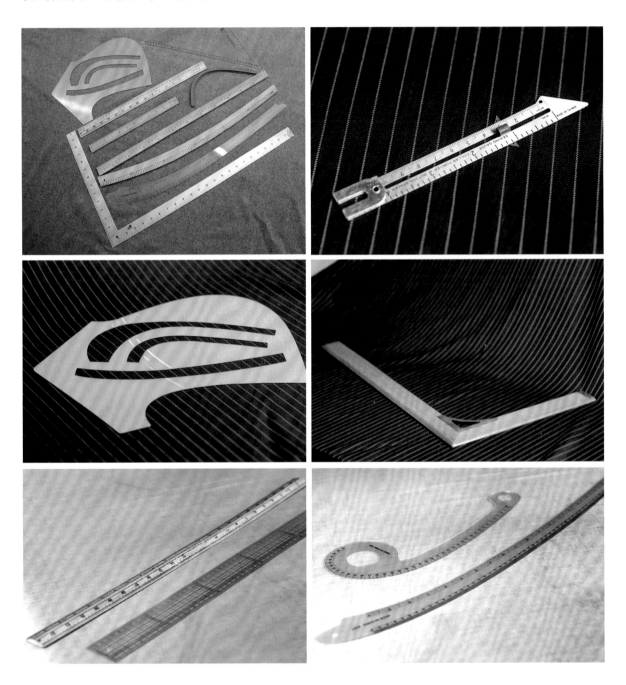

毛样衣片和辅料

　　手工高级定制西装毛样制作前的材料包中包含衣片、毛衬、马尾衬、胸棉、驳头扣布、领衬、领底呢、肩棉、袖窿条、里布、袋布、纽扣及商标等相关面辅料，对于特殊定制款式还要配齐款式设计与制作时需配备的其他材料。相关面辅料配备齐全后，还需打印出顾客资料、设计资料、定制要求等相关订单信息，分包成组，下发至制作环节。

一、毛样衣片

　　毛样制作前需要核对材料包信息。不仅要核对衣片的裁剪与放缝，核对衣片的结构线是否与订单信息相符，还要核对口袋、领型、开衩的款式等。

1. 单色毛样衣片

　　根据款式不同，材料包中的毛样衣片也有所不同。常规款式主要包括前片、侧片、后片以及大、小袖片等，预留余料通常用于裁剪挂面、领面和袋盖。以下是两种不同面料和款式西装上衣的毛样衣片。

毛样前片。止口、肩宽各留有
2.5cm 的放量，底边留有 6.4cm
的放量。

提示：制作前需核对口袋线划粉形态
是否与订单款式一致。

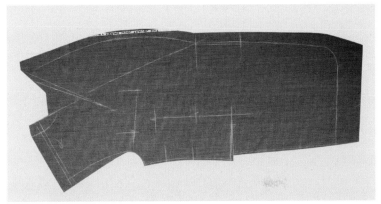

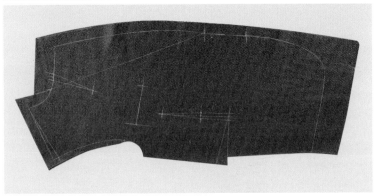

毛样后片。后中缝、后领圈
各留有 2.5cm 的放量，底边留有
6.4cm 的放量。制作前需核对衩
位的种类。

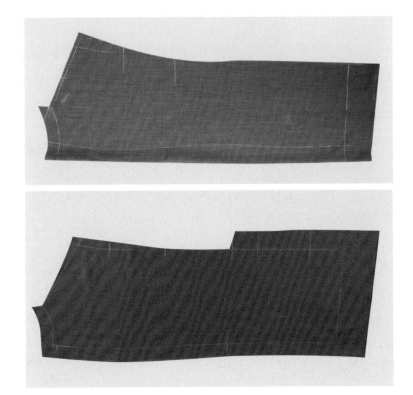

毛样侧片。后侧缝留有 2.5cm 的放量，底边留有 6.4cm 的放量，侧袖窿底留有 2.5cm 的放量，用于试样调节、收放侧片。

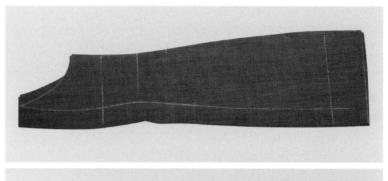

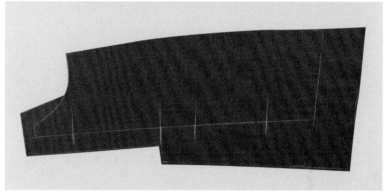

毛样小袖片。外侧缝留有 2.5cm 的放量，袖衩位、底边各留有 6.4cm 的放量。制作前需核对袖衩位的种类。

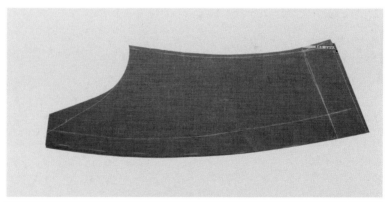

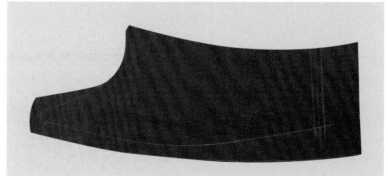

毛样大袖片。袖衩位、底边各留有 6.4cm 的放量。制作前需核对袖衩位的种类。

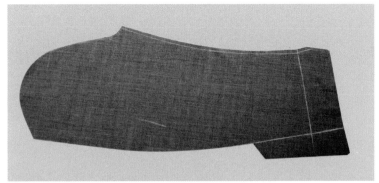

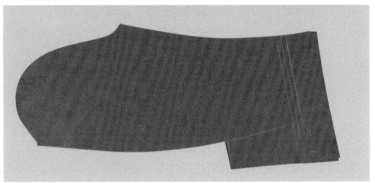

预留余料。预留余料需要包含符合丝缕方向要求的领面（通常在面料上标记 TC 代表领面）、袋盖、袋止口小料、袋贴等用料。

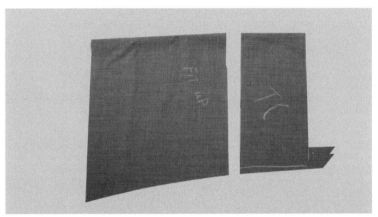

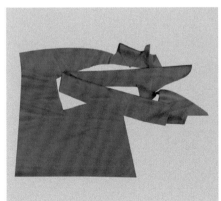

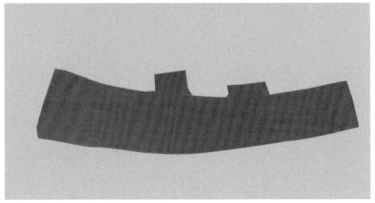

二、条格面料毛样衣片

　　条格面料裁剪的关键点在于，需要特别检查裁片的对条对格情况，包括衣身各裁片的对条对格和大小袖片的对条对格等。考虑到对条对格的需要，条格面料的预留余料应当比单色面料多。制作时，需处理领面与前后大身、袋盖与前大身、挂面与前大身的对条对格等。

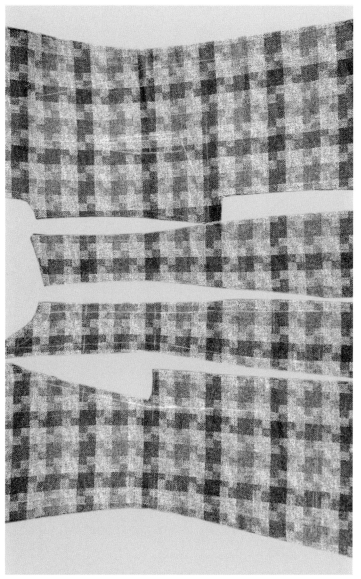

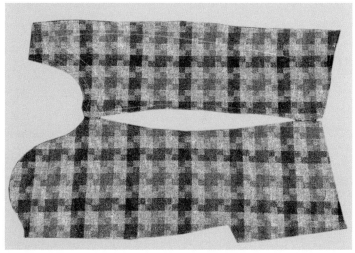

三、毛样里料

毛样里料主要包括衣身里布及袖子里布。应根据顾客订单要求，备注袋布的颜色、质地与尺寸等。

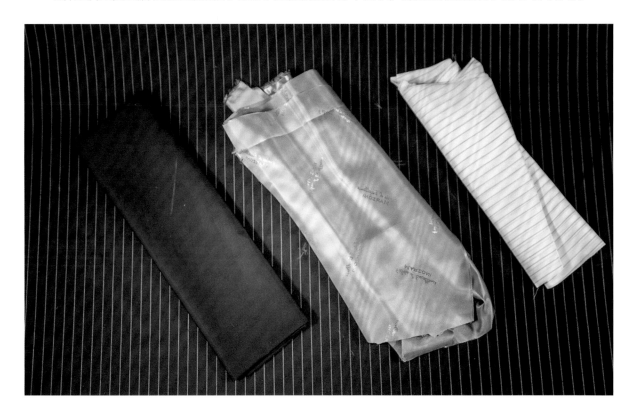

四、毛样辅料

1. 领衬和领底呢

对于领子来说，手工高级定制服装要求所制作的领型能够完全符合顾客的肩颈部位。领衬通常选用纯天然、高品质的麻料，领底呢的厚度、硬度、密度、弹性及归拔韧性等必须与领衬相匹配，衣领才能达到贴合颈部的理想效果。

2. 胸衬

为了保持胸部造型，必须使用纯天然麻衬或毛衬，再加上马尾衬、胸棉，用扎衬工艺制成可以保持胸部造型的胸衬。

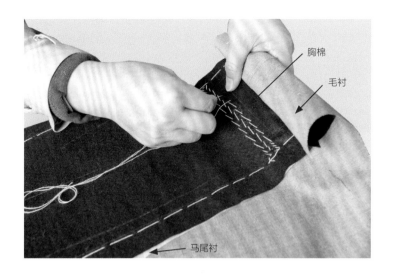

3. 麻衬和毛衬

天然麻衬可用于各类面料的服装。毛衬又称黑炭衬、毛鬃衬，是由牦牛毛、羊毛、人发等混纺后再交织而成的平纹织物，色泽以黑灰色或杂色居多，硬挺度较高，弹性好，多用作高档服装的胸衬、驳头衬等。高级定制服装通常还选用高品质羊毛衬作为衬料。

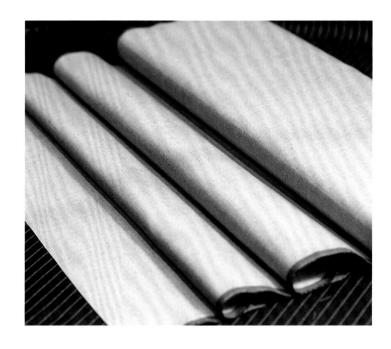

4. 马尾衬

马尾衬是以羊毛为经、马尾为纬交织而成的平纹织物，其幅宽与马尾的长度大致相同。这种衬布面疏松，弹性很好，不易皱，挺括度好，可用在毛衬和胸棉之间。

5. 肩棉和袖窿条

　　肩棉主要用于塑造不同的肩型，可根据款式设计需求选用，有的适合平直型肩部，有的适合圆润型肩部。袖窿条常用于特殊体型特征，例如，可作为左右不对称圆背体型服装中的填充物，起到补正的作用。制作中要根据顾客订单中的细节描述和量体信息，结合款式设计需求，针对不同肩型、不同体型特征搭配不同造型的肩棉和袖窿条。

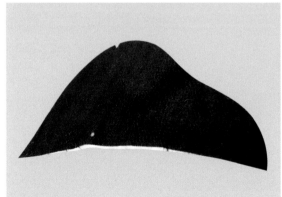

6. 胸棉

胸棉的特点是材料柔软、质地紧实，成分为高品质全棉。在高定胸衬组合中，常用在最底层，与里布贴合。

7. 袋布

高级定制服装通常采用高支全棉面料作为袋布，其特点是质地紧实，易于手工针缝制。袋布的颜色需与面料相匹配。

提示：高支全棉布除了用作袋布外，还可用作后领圈、后袖窿圈、后衩位等部位的牵带。

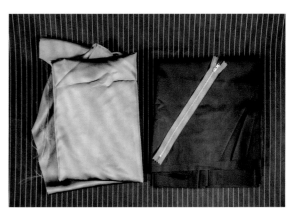

8. 礼服领料

根据不同的穿着场合和设计需求，定制礼服的驳领处可以配备各种真丝绸缎作为装饰。

提示：礼服领料有两种制作方法，一种是直接用真丝绸缎作为挂面，另一种是通过手工缝制使其覆在挂面上。

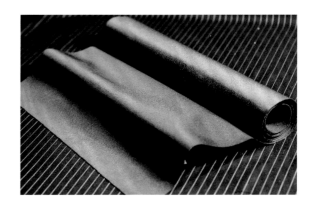

9. 有纺衬

背面带有胶粒的有纺衬主要用于遮盖省尖的线头、袋位的封口、领角处的加固等，也可以在制作内衬的局部细节后，用于遮盖线头或者被剪开部位的熨烫加固。

10. 扣布

高级定制服装常用黑白两色的扣布，多为比袋布更挺括的高密度带浆棉布，主要用于上衣的驳头，如驳领的领尖等部位，起到加固作用。

11. 油光布

油光布表面具有油光感，常用黑白两色，面料薄且挺括，通常用于薄面料服装的驳领部位，或者垫于锁眼部位，起到加固作用。

12. 上衣纽扣

高级定制男装纽扣通常为牛角扣，分上衣的门襟扣、大衣的门襟扣和袖衩扣等。女装纽扣需搭配面料色彩，多为高品质的树脂扣、牛角扣或者贝壳扣等。

13. 裤子纽扣

裤子纽扣通常使用贝壳扣，多用在后袋上，有时依据顾客需求，门襟扣也使用与后袋相同的贝壳扣。

14. 金属搭襻

裤子和马甲都会使用金属搭襻，俗称百革。双环百革常用于裤子，单环百革常用于马甲。

 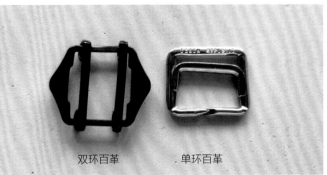

双环百革　　　单环百革

15. 裤子裤钩

裤子的裤钩需采用硬度高、质量好且不易变形的不锈钢材质，常用颜色有黑色和银色两种。

16. 礼服裤子侧缝绸带嵌条

礼服裤子侧缝绸带通常和裤子同色，以黑色为主。绸带两边都是光边，直接手工缝制即可。

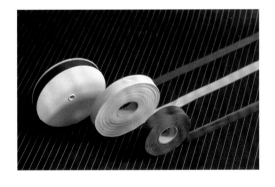

17. 裤子腰衬

裤子腰衬质量好坏会直接影响裤腰的挺括度、轻薄度和保型性。

18. 裤子拉链

　　高级定制裤子门襟拉链通常使用 YKK 的金属拉链，码带颜色需与裤子面料色相匹配，制作前需根据裤子门襟的前窿门弧线形态归烫拉链。

常用术语

1. 放量

手工高级定制服装在每个衣片的单边上留有超过1cm的放量，其目的是预留一定的尺寸，以备顾客在服装定制过程中因身体胖瘦变化而调整衣服尺寸之需。

2. 线钉

线钉通常采用棉线制作，手工缝制在含有放量的对称衣片上。线钉有两大作用：（1）将纸样上的尺寸符号准确复制到含有放量的衣片上；（2）确保对称衣片的丝缕形态完全一致。

3. 手工扎衬

手工扎衬具有两大特点：（1）手工扎衬通常使用棉线，棉线可以长期保留在上衣中且不易变形；（2）手工扎衬可以用手势塑造立面造型。

4. 归拔

归拔是制衣特别是高档毛料服装制作中常用的一种热塑型工艺。服装面料在一定的温度、湿度和压力的共同作用下，其内部的纤维会发生拉伸或收缩。对衣片某些部位作适当的归拢、拔伸等塑型处理，可使其符合人体体型，提高服装穿着的舒适度和造型的美观度。

5. 覆衬

覆衬指将归拔好的立面前片和立面胸衬覆合在一起。为了保证上下两层形态完全一致，将两层的胸高点对齐后，从胸高点开始，边整理丝缕边由内向外，在立面上使用和线钉相同的棉线做手工加固。

6. 覆牵带

覆牵带是将布带覆在服装某一部位或者某一止口段的工艺，可以加固覆牵带部位使其保持平整，也可以用手势使其形成窝势。在毛样制作中，覆牵带用于门襟驳头上翻驳线的塑型。

7. 吃势

吃势又称曲势、层势，是缝纫工艺的技法之一。有吃势的部位需要进行缩缝，在缝合两个长短不一的裁片时，应纳入吃势使之等长，例如毛样中的手工合肩缝。处理吃势需采用两道手工平针进行缩缝，第一道用于分配并固定吃势量，第二道用于纳平吃势量。

8. 假缝

在毛样制作中，将衣片之间的临时缝合称为假缝。假缝工艺需用棉线缝制两道基础缝线，第一道线是衣片缝份或者放量边之间的手工平针合缝，第二道线是将有放量的一边倒向无放量的一边，在衣片的正面压住放量边再手缝一遍。假缝工艺的特点是临时缝合，方便操作，容易拆解。

9. 毛样

毛样是指手工高级定制西装中，选用顾客已经确定的定制面料，通过归拔熨烫和假缝工艺塑造出的符合人体立面形态的初级服装产品。制作毛样的细节包括定制款式中袋位、扣位、衩位、驳领形态等的线钉工艺。通过毛样的制作与试穿，可以得到精确的人体立面数据，为后期试光样和精工艺制作打下重要的基础。

第二章

线钉工艺

　　手工高级定制服装对工艺质量要求非常高，在制作左右衣片及其他对称部位的时候要达到完全对称。为了实现这一目标，通常在面料画样裁剪以后，需要在上下层面料未掀开之前加入线钉工艺，通过贯穿于上下层面料之间的线钉来标记样板结构线，从而避免因划粉粗细、画线角度、拷贝样板等因素的影响而出现误差。衣片上的线钉既是样板和放量的分界线，完全呈现样板的形态，同时又是左右对称衣片的内部结构标记线，在缝制时可以作为参考依据。比如省道，打过线钉后，左右衣片的省道就会高低平齐、大小对称，不至于一高一低、一长一短、一宽一窄。打线钉的部位主要有衣片的缝份边线、省位、袋位、腰围线、胸围线、臀围线等。在手工高级定制业务中，常常会遇到一些局部特征不对称的情况，可以通过定制服装来修正、美化，这种情况则需单片打线钉。

　　打线钉通常使用棉线和细长手工针，包括三个步骤：（1）用平针绷缝上下层面料；（2）将面料上平针之间的线段剪断；（3）将上层面料掀开并剪断上下层面料之间的线段。

　　在线段交叉处需用十字线钉做标记。在手工高级定制服装中，衣片边缘的线钉标记的是衣片的净边，线钉之外是衣片的缝份或放量。

第一节

线钉制作技巧

本节选取几款不同面料的服装来具体讲述线钉制作技巧。

一、对称衣片的线钉

1. 打线钉的手法

通常使用双股白色棉线，在左右对称的衣片划粉线上起针，下针时必须保持上下衣片的丝缕一致。

在平整的工作台面上，用左手中指按住面料，右手入针钉穿上下两层面料，出针角度需垂直于丝缕，且上下层面料的丝缕要保持一致。

针距之间的棉线要留有一定松量，操作时需避免棉线打结或双股线的松紧不一致。

2. 线钉的形态与针距

　　弧线段打线钉时的针距大小要根据线迹的弧度而变化，弧度越大，针距越小。直线段的针距大于弧线段，通常直线段的针距在 2.5cm 左右。

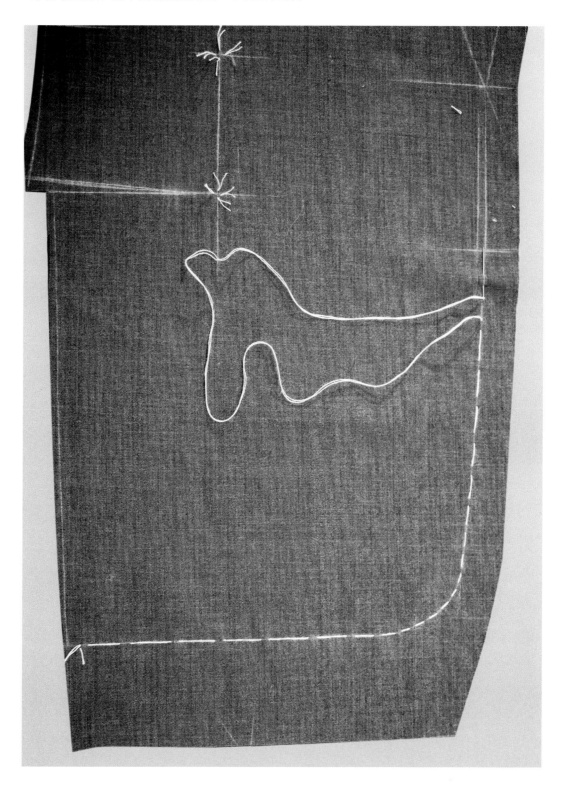

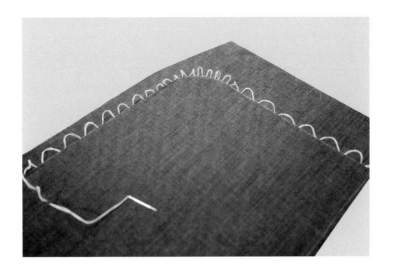

3.拉松线钉

拉松平针之间的双股棉线,使之产生松量。拉开的松紧程度要一致,需保证在后续的两次剪线钉环节中,剪刀头均可以完全插入线段并剪开棉线。

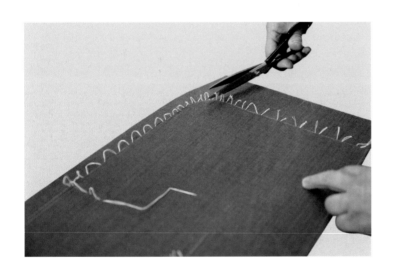

4.剪线钉

第一次剪线钉。在平整的工作台面上,将剪刀插入有松量的针距中剪断双股棉线。剪线时,需注意避免锋利的剪刀头碰伤面料。

第二次剪线钉。第一次剪完线钉后,左手掀开上层面料,右手将剪刀插入有松量的针距中剪断双股棉线。剪线时,直线段一针一剪,弧线段最多两针一剪。

提示:左手掀开面料时不宜用力过猛,以免将线头拉出。

5.十字交叉线钉

在结构线交叉处和衣片内标记点处需要打十字交叉线钉。用手工针按十字划粉线交叉缝两针。该线钉具有加固作用，制作中能保证衣片交叉点、转角的形态正确。

衣片线钉的外轮廓除了有直线、弧线和十字划粉线需要打线钉外，内部结构线、扣位线、胸围线、腰围线、袢位线和后中缝线等处的直线都需要打双针线钉。

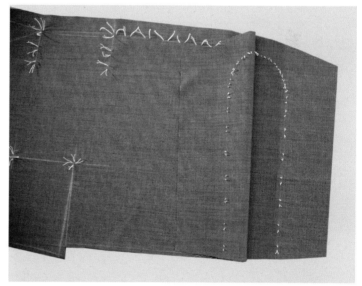

二、不对称衣片打线钉

1. 高低肩线钉

如前文所述，线钉主要起到将对称衣片的样板和放量进行左右对称分界、标记的作用，在对个别特体顾客的左右不对称衣片裁剪时，也需要用线钉来标记样板。区别于对称衣片打线钉的操作方式，不对称衣片需要单片操作。

如果顾客具有高低肩的体型特征，左、右前衣片肩线会形成两条高低不同的结构线，裁剪时通常用 R、L 字样标注，R 代表右肩低，L 代表左肩低。

提示：如图所示的裁片标记是 R，需在标有 R 的衣片上沿低的肩线划粉线打线钉。

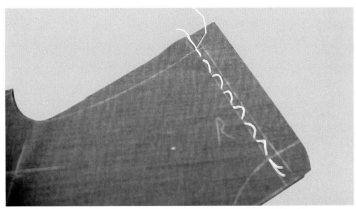

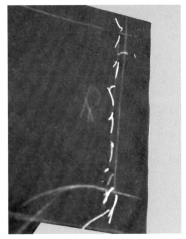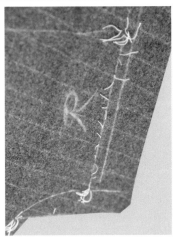

在上下两条肩线上分别打上线钉，然后剪开线钉。线钉完全被剪开后，先将左肩下线的线钉拔掉，然后再拔掉右肩上线的线钉。

   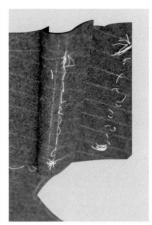

2. 前片和侧片袖窿线钉

与高低肩相关联的前片和侧片袖窿底，同样在面料反面有两条不同的袖窿底部线和 R 字样的标记，操作时需在两条线上分别打上线钉，再依次将左肩下线和右肩上线的线钉拔掉。

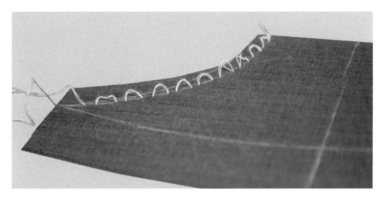

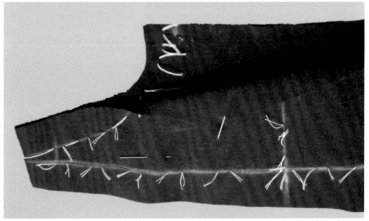

3. 后肩线线钉

与高低肩相关联的后肩线，高低肩的处理需要前后肩同时修剪，后片的肩线部位因无放量，故直接修剪该降低的量，无需打线钉。

提示：图片上点状针迹为面料反面的线钉。

三、领省线钉

当前片有领省时，翻驳线的上下两段不在同一条直线上，此时需要在领省与翻驳线的两个交点打上线钉，剪开领省并完成车缝后，上下两段翻驳线会转移在同一条直线上。

提示：领省穿过翻驳线，将翻驳线分为上下两段，线钉不在同一条直线上。

四、贴袋线钉

贴袋线钉需在完成前片腰省的制作后再打，贴袋的上口位线钉需完全盖住省道。

提示：贴袋的线钉轮廓线需要与领型的外轮廓线和前止口弧线形态相匹配，以便清晰地体现款式风格特征，并在制作时找准定位。

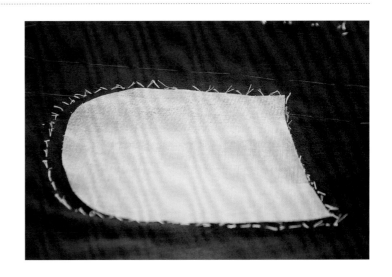

线钉制作部位和制作要领

本节选取一款条纹面料服装来具体讲述线钉制作要领。

一、袖片线钉

在开始打线钉前，需要核查袖片上、下层面料的对条情况，利用珠针别住上下层面料，使其丝缕对齐，按照划粉结构线打线钉，行针时需保持每一针线钉的上下针方向一致。在小袖片上打线钉的部位有袖窿弧线、外侧缝弧线和袖底边直线，以及两个十字交叉线钉。

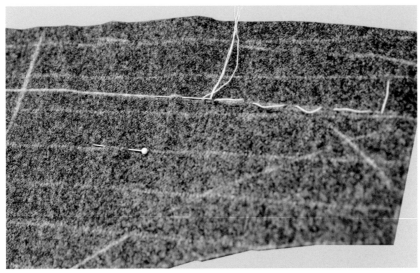

剪断线钉线段后分片，再次核查左右片面料的对条情况和局部细节，及时补正需要修改的位置。大袖片打线钉的制作方式与小袖片相同，在大袖片上打线钉的部位有袖底边和袖衩位，以及一个十字交叉线钉。

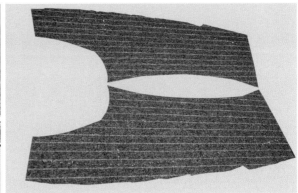

二、后片线钉

　　先在后片的底边掀开上层面料，核查上下层面料的对条情况，再用长手针沿后中缝假缝固定上下层衣片。

　　边核查上、下层面料丝缕，边打线钉。后片打线钉的部位分为内部结构线和外轮廓线，通常先打内部结构线的线钉，后打外轮廓线的线钉。

外轮廓线有后领圈线、后下摆线、后袖窿线、后中缝线；内部结构线有后背宽线、后胸围线、后腰围线、后衩位。内部结构线上的后背宽点、后衩位上端这两点，以及外轮廓线上的后领圈中点、后中缝线下端、后衩位下端这三点，需打十字线钉，以防线钉滑落。此类线钉既是线条的交叉点或刀眼位的标记，又能起到核查丝缕与对条情况的作用。

通常在完成线钉后，将放量的后中缝剪开，以便于在车缝前核查左右片中缝线放量是否完全一致，并核对后领圈中缝线位置的条纹单元是否完整，以便后期制作领面时与之对条。

三、前片线钉

掀开肩头衣片并核查上下层面料丝缕，衣片上的标记显示该顾客右肩低于左肩，需要分别按划粉位置打上线钉。打线钉的部位有前止口圆摆、驳头、前袖窿圈、前肩、翻驳线、底边。在手巾袋、大袋、扣位、内外肩点处需分别打上十字交叉线钉，在胸围线、腰围线、扣位处分别打上双针线钉。打完线钉后剪开棉线，按照从上到下的顺序，将上层衣片掀开，核查上下层衣片的袋位、腰省位的丝缕和条纹是否完全一致，然后用珠针别合固定面料丝缕，打上十字交叉线钉。

核查前片底边上下层面料丝缕与
对条情况，然后用珠针别合固定面料
丝缕，核查前片止口部位的对条情况。
先打扣位线钉，然后在扣位线和止口
线的相交处打上十字交叉线钉。

掀开驳领衣片，核查翻驳线部位
上下层面料的丝缕与对条情况后，在
翻驳线上打线钉。

打线钉顺序为从里到外。如图所
示，前片止口驳领部位是一条大弧线，
线钉针距应较小，以便在制作中核查
弧线形态，使左右前片始终保持一致。

在前片的肩部和前袖窿处按划粉线的形态依次打上线钉，在胸、腰位和扣位等处打上 2.5cm 长的线钉。

前片大圆摆的线钉针距需较小，确保左右片止口圆摆形状完全一致。

四、侧片线钉

在侧片上打线钉的部位有底边线、外侧线及袖窿底部线，在腰、胸、杈位和外袖窿处，需分别打上十字交叉线钉。

线钉全景示意图

一、前片线钉部位示意图

前片线钉包括直线、弧线等不同针距的线钉，线段转折点、交叉点的十字交叉线钉，以及胸线与腰线等部位的双针线钉。外轮廓线钉能够确保毛样制作时左右片线条形态正确，在衣片内部按照样板标记点打线钉，能够确保服装款式与内部结构清晰明了。

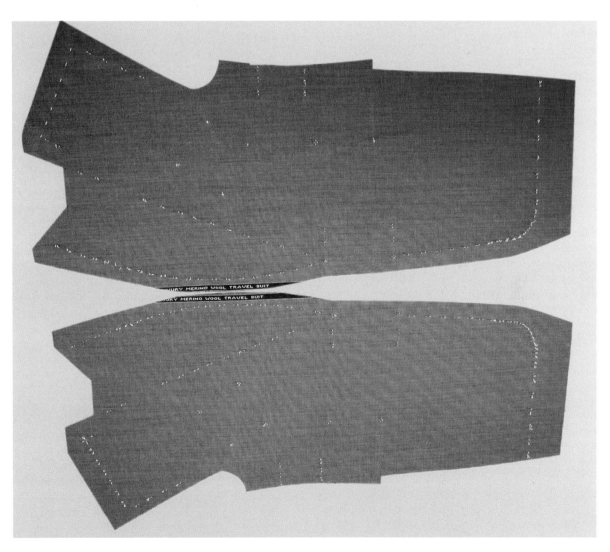

二、侧片线钉部位示意图

侧片线钉的外轮廓线清晰地体现了面料的放缝与放量，内部线钉标记了胸、腰位置。

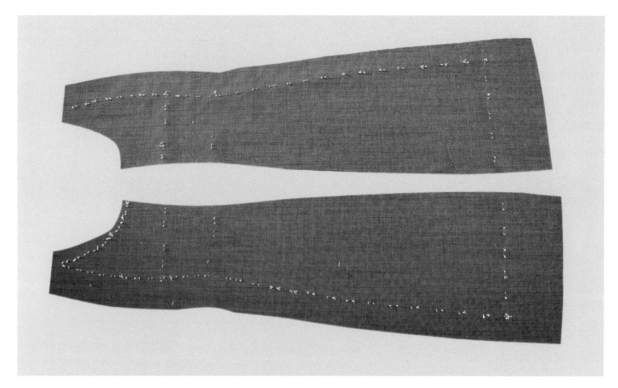

提示：由于顾客具有高低肩的体型特征，故袖窿底部不对称，有一个侧片没有线钉。

三、后片线钉部位示意图

后片线钉的外轮廓线清晰地体现了面料的放缝与放量，内部线钉标记了背、胸、腰、衩位的位置。

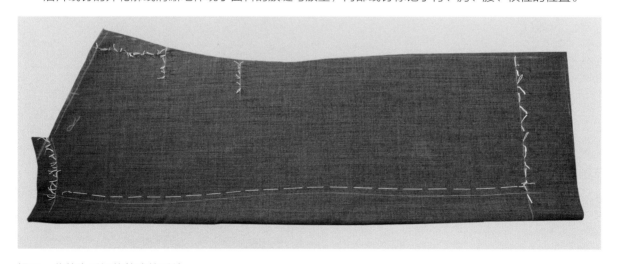

提示：此款为后衩位款式的后片。

四、小袖片线钉部位示意图

　　小袖片的线钉体现了面料的放缝与放量，标记了外侧线的结构线形态。

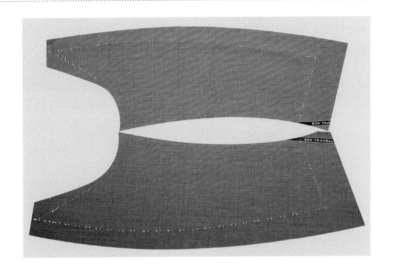

五、大袖片线钉部位示意图

　　大袖片无放量，只有袖衩和袖口这两个部位打了线钉。

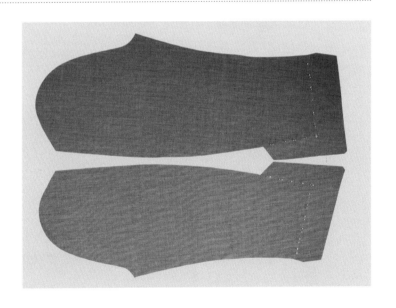

第三章

上衣毛样
缝合与归拔熨烫

　　所谓手工高级定制西装中的全手工概念是指制作工艺中的全手工扎衬、全手工扎驳头、留有放量调节部位的手工缝制、手工锁眼，以及手巾袋、大袋、衣领、衣袖等部位的手工缝制，这些部位无法使用车缝达到完美的立面效果，必须运用手工缝制塑造立面形态。而省道、侧片、袖内侧等部位的短结构线的缝制则可以使用车缝来完成，以提高制作效率。车缝时也需要具备立体造型理念和控制操作手势，车缝后使用立面熨烫工具对车缝部位进行归拔熨烫，使所缝制的线条匹配人体形态和服装款式造型。

第一节

省道结构线车缝与归烫

省道结构线是毛样制作中保留车缝工艺的部位之一，车缝时要求精工细作，左右省宽大小一致，左右省尖高低相等，车缝线顺直，针距紧密，省位过渡平顺，省尖不起窝。

一、前片腰省制作

按照腰省上的线钉，画线补全腰省边，每一条划粉线要与车缝线保持粗细一致。

提示：操作时需要将划粉削得很薄，拿划粉的手势要正确，划粉要与布面保持垂直，画线时用力要均匀。

在前片上，先剪开腹省，再沿腰省中线剪开至距腰省省尖2cm处。

车缝腰省前,将针距调到 10 针 /2.5 cm,并将车缝辅助条的直线边对准要车缝的省边,起针时(不车回针)留出一定长度的线头以便于打结,然后用压脚压住车缝辅助条,沿着直线边车缝出笔直的省边。

提示:缝制时需要控制送布手势,避免因压脚与送布牙之间的摩擦力不均匀,而导致上下层丝缕产生层差错位。

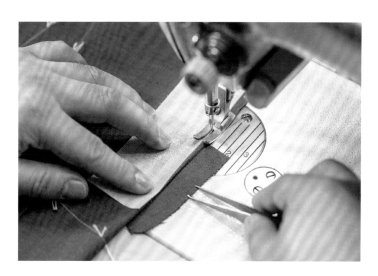

车缝到省尖部位时,将针距调到 12 针 /2.5cm,继续使用车缝辅助条,并将一块同色尖角垫布置于省尖部位下方进行车缝,无需在收口处车回针,留出一定长度的线头以便于打结即可。

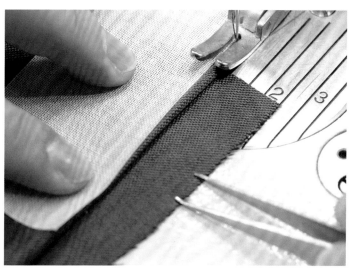

二、前片腰省分缝熨烫

车缝后,使用中号剪刀剪开省道并分开缝份。

将腰省置于飞机木架烫台的窄面上，从底部往省尖方向进行分缝熨烫，左手压在熨斗尖头前方约2.5cm处，右手执熨斗边喷蒸汽边熨烫。

三、省尖的工艺处理

省尖工艺处理包括修剪车缝时放置的同色垫布，使其形态对称于省尖，并修出层次感，以及在省道尖端未剪开处，用剪刀横向剪个小刀口，使未剪开的省尖倒向一边，垫布倒向另一边，在省尖部位形成两边对称的分缝。

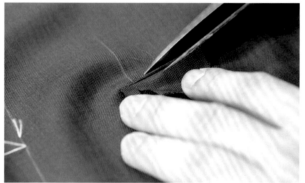

省尖车缝、熨烫塑型后，需对省尖进行加固。根据面料的厚薄和颜色，选择与之相匹配的有纺衬，修剪出合适的大小。在黏烫有纺衬之前，修剪在省尖留出的已经打结的线头，并将余留的线头一起黏烫在省尖的有纺衬内。

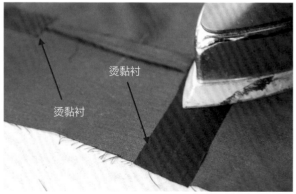

烫黏衬

烫黏衬

袖内侧结构线车缝与归烫

为了呈现定制业务中不同面料的制作效果，本节列举的袖片车缝工艺所用面料与前文案例所用面料不同，但整体制作流程相同。

一、袖片内侧结构线车缝

车缝前需要用弧形尺的不同线段核对合缝线的形态，核对大小袖片内外侧结构线的形态是否一致，避免因形态差异过大而导致车缝后产生单边起包现象。

核对袖窿圈合缝部位的形态并固定丝缕线后再车缝，车缝的弧线线迹一定要平顺。

二、袖片内侧结构线熨烫

将小袖片完全平摊在台面上，顺着袖子弧势，保持大袖片自然呈现多褶的立面状态，从内侧合缝线起烫，归拔熨烫小袖片。

熨烫大袖片时，保持小袖片的立面状态，将整个大袖片完全平摊在台面上，熨斗顺着大袖片的弧线形态熨烫。

归烫完成后的袖内侧缝呈现自然的弯势，与人体手臂自然下垂时的前倾弯曲形态一致。根据定制顾客的手臂形态矫正大小袖片外侧线的弧线形态。

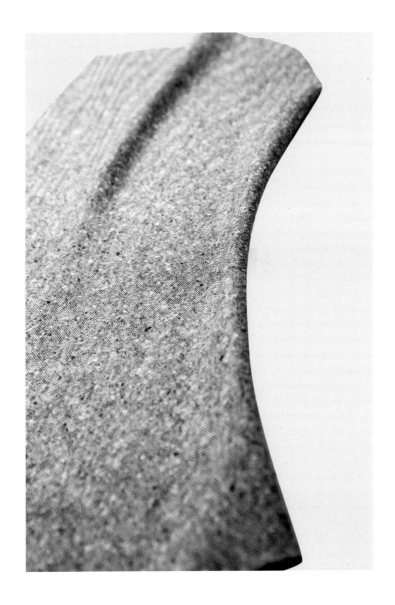

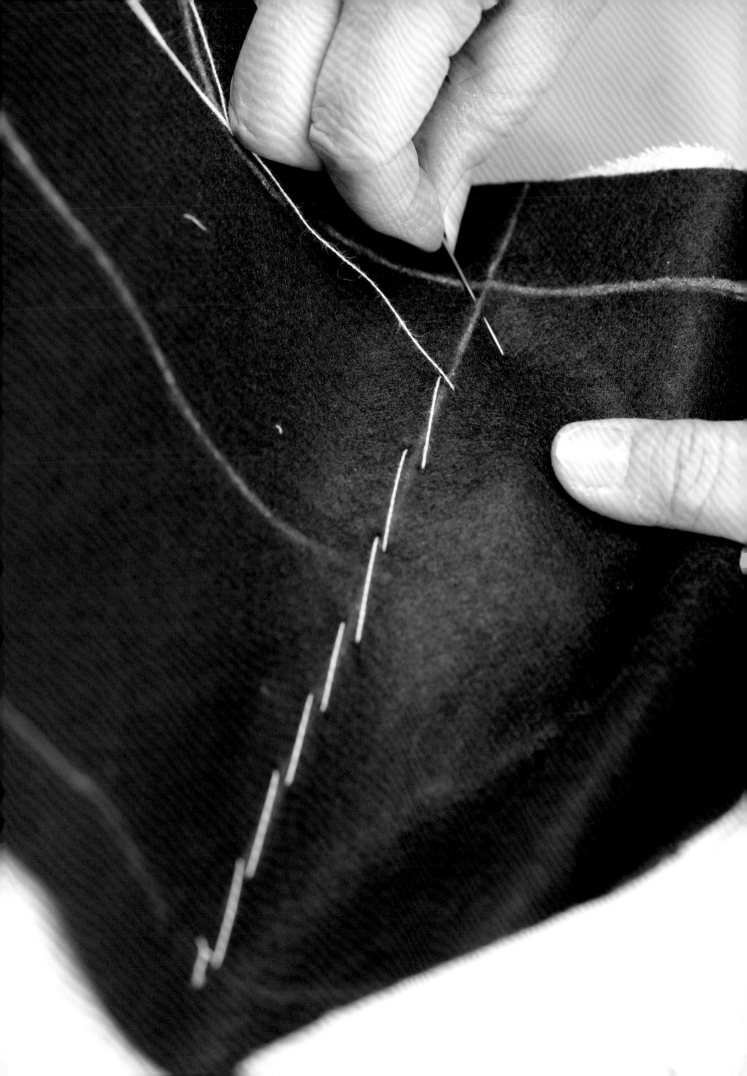

第四章

上衣毛样
扎衬与归拔胸衬

手工高级定制服装的前片胸衬需要符合人体胸部的立面造型，对毛衬、马尾衬、胸棉的纤维成分、纱支细度、经纬密度的要求非常高。前片胸衬由毛衬、马尾衬和胸棉组合而成，胸部造型是通过手工扎衬塑造里外匀形态，左手用各种卷法窝衬，使之产生各种不同形态的斜面，右手用八字针法在斜面上缝制加固。

胸衬分成三个区域：肩部、胸部内侧和外侧。手工扎衬后，将胸衬立靠在驼背木架烫台上，在腰省、袖窿省、领省等省量和吃势量的辅助下，对肩部、胸部内侧和外侧进行高温归烫。分区域归烫后，再进行整体熨烫。

手工扎衬准备工作

一、材料准备

胸衬的胸部由毛衬、马尾衬、胸棉三层组成；肩部需要加入肩衬辅助造型，由四层组成；前腰和腹部则只有一层毛衬。手工扎衬前，需在毛衬、马尾衬上剪开肩省，在开省部位插入同样材质的衬料并缝制加固省量，塑造前肩造型。

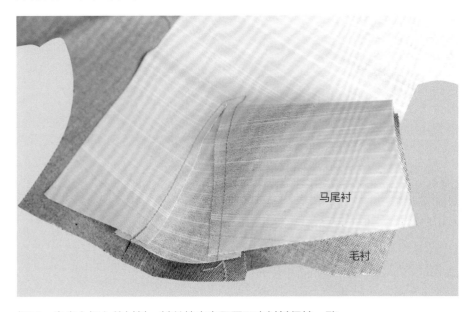

提示：肩省上插入的衬料，其丝缕方向需要和主衬料保持一致。

为了便于归烫造型，肩衬通常需沿斜丝缕方向裁剪。裁剪后的肩衬和胸棉需要经过拔烫，舒展成立面形态。

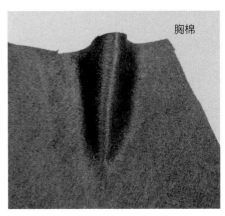

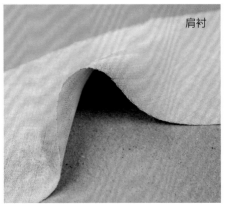

二、规划胸部造型

胸衬正反面的形态不同，不同部位的胸部造型需用左手窝出不同形态的斜面，用右手在斜面上缝制八字针，实现里外匀趋势。

用划粉在胸棉上画出要扎手工八字针的部分，划粉线需距离外圈约2.5cm。内部T字交叉点为胸衬的中心点，T字横线以上为肩部区域，T字横线以下分为胸部内侧、外侧区域。

沿着划粉线用手工平针固定一圈。缝制时，左手需托起缝线的左边区域，使右边区域完全平摊在台面上，缝线框内三层材料应完全贴合，衬料之间无空隙。

第二节

手工扎衬塑造肩型

　　手工扎衬多使用粗长手工针和细棉线，将毛衬、马尾衬、胸棉等结合后再采用八字针法细密地缝缀而成。扎八字针时需要从胸衬的中心点起针，以从里往外的方式倒退行针。

一、塑造上胸部造型

　　从 T 字横线上方起针，以倒退行针的方式扎衬。操作时，左手将胸衬的肩部像卷报纸一样往里卷，并且略向上提，使缝制部位呈斜面，毛衬层往外凸，胸棉层往里凹，将扎针时产生的微小余量往里送。这部分操作属于胸衬上半部分的造型扎衬。

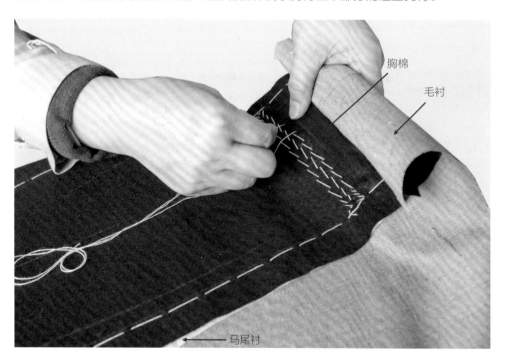

胸棉

毛衬

马尾衬

二、塑造肩部造型

　　扎衬区域是从上胸部到肩省起始位置。操作时，左手将胸衬的肩部像卷报纸一样往外卷，改变扎衬产生的里外匀方向，使毛衬层往里凹、胸棉层往外凸。此扎衬操作手法对于塑造肩型非常重要。

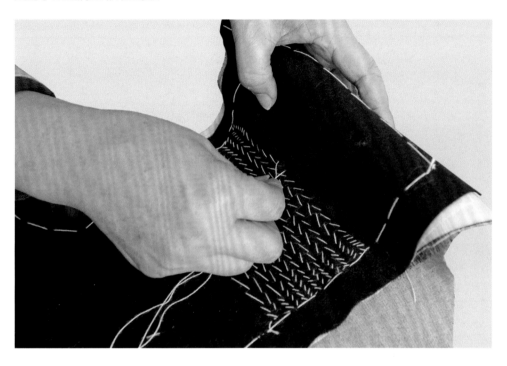

手工扎衬塑造胸型

一、胸部内侧区域手工扎衬

　　左手将毛衬面往里卷，右手从胸衬的中心点起针，运用八字针法倒退行针，操作手势与肩部扎衬相同，在外框的固定线内收针。

二、胸部外侧区域手工扎衬

　　同样从胸衬的中心点起针，从上向下缝，但行针方向需与内侧区域相反，这样才会出现八字针的整体效果，在外框的固定线内收针。

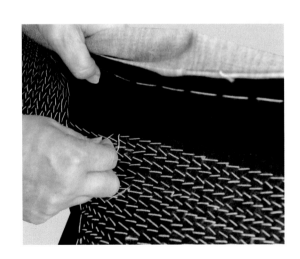

手工八字针在胸衬内层凹面上呈现的八字针脚效果如下图所示。用棉线以手工八字针扎衬塑造胸部凹面造型，纵横交错的针脚有利于凹面形态的伸展。长期留存于衬料中的棉线有利于保持胸部造型的自然状态，是手工高级定制西装长期保持造型的关键。

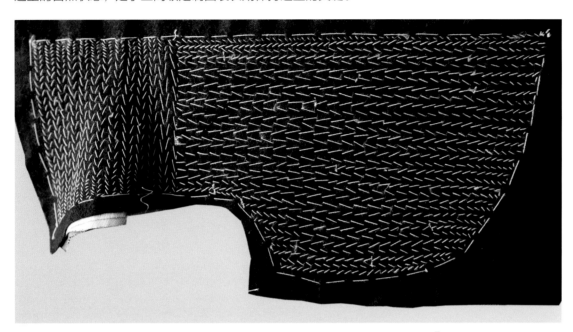

手工八字针在胸衬毛衬凸面上呈现的点状针脚效果，如下图所示。凸面造型上的点状针脚，具有很好的保持服装造型的作用，可以避免温度、湿度变化等因素引起的材料细微伸缩导致的服装变形。

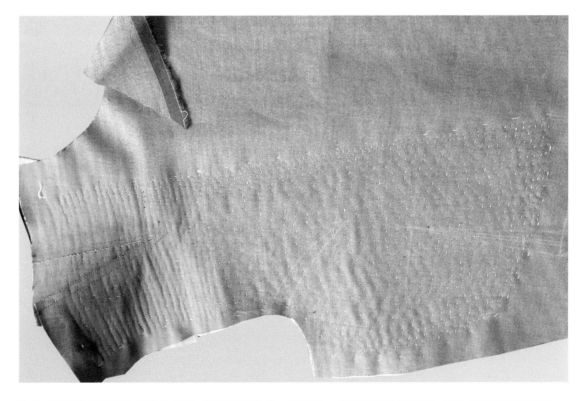

提示：要确保扎好手工八字针的胸衬反面针距均匀。缝制时，最好在针头触碰到左手中指后再将其顶回。

多种省道辅助胸衬造型

一、修剪衬料腰省

手工扎衬后，在修剪腰省时应注意，衬料的省位要与面料的腰省位置保持一致，衬料的省量比面料的腰省略大。

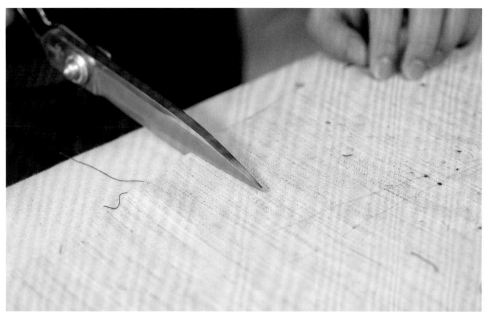

修剪腰省、领省或者袖窿省时，要将左右片对合，并用珠针别住，两层一起开剪。

二、修剪衬料袖窿省

将衬料的袖窿省修剪成月牙形，修剪省道时，需避开手巾袋位置，袖窿省的省尖需顺势延伸过胸高点，袖窿省的省量约为 1.6cm。

三、缝制衬料腰省

先修剪一小块里布垫在胸衬内层凹面，然后将外层凸面朝上，从省尖起针，以锯齿针法来回倒退缝合衬料腰省。

四、核查省道的牢度

缝合省道的锯齿状线迹应较为密集,缝合牢度应达到用力掰也没有任何缝隙的程度。

五、缝制衬料袖窿省

袖窿省是个弧形省,应从省尖起针,按住一条省边,同时一点一点转动拼合另一条省边,以锯齿针法来回倒退缝合衬料袖窿省,需确保两条省边的衬料丝缕顺直。

六、修剪缝份

修剪缝份和线头，并将胸衬两面残留的布屑和线头清理干净。

提示：如果衬上留有布屑和线头，服装完工后，有可能从外部感觉出内里的不整洁。

七、用牵带辅助造型

为了塑造胸部造型，需在翻驳线上增加吃势量。选用3.8cm宽的布牵带，根据胸部区域的造型纳入约2.5cm的吃势量。车缝时，将牵带置于胸衬一侧，用左手将整个胸衬连同牵带一起竖起来，来回车缝两道线进行加固，然后将牵带翻到驳领这一侧。

八、多种省道辅助胸衬造型

　　胸衬造型通常以胸高点为中心，由腰省、袖窿省和翻驳线的牵带归量组合塑造而成，有时会增加领省。如图所示，省道制作完成后的胸衬呈现出自然、符合人体曲线的立体效果。

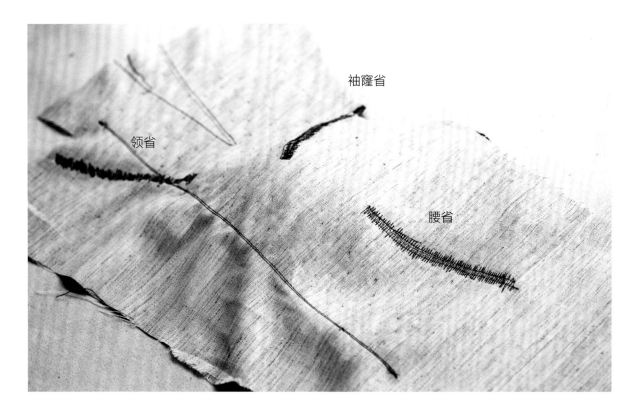

归拔熨烫塑造胸型

通过以上三节所述的制作工序，胸衬已经呈现出一定的立体形态，为了使其更加符合人体曲线，还需进行一系列的归拔熨烫。

一、归拔胸衬正面

将胸衬正面朝上，止口边呈 90° 立靠在驼背木架烫台上，使得准备熨烫的半边胸衬完全平铺在台面上。操作时，熨斗以月牙形路径反复来回熨烫，逐渐将吃势量归烫到袖窿处。

将已经熨烫好的半边胸衬呈90°立靠在驼背木架烫台上，熨烫另外半边胸衬，熨烫方法和前述方法相同。

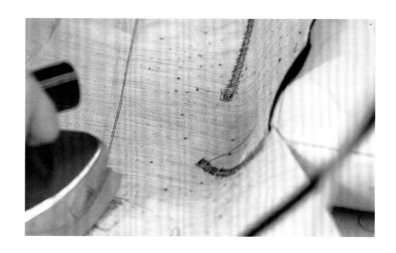

二、拔烫肩部造型

将已经归烫好的胸衬呈90°置于方形软垫沙包上，使肩部在台面上完全展开，以熨斗的后端为中心点左右来回熨烫，直至肩部完全拔开。

三、归拔胸衬反面

将胸衬翻转至胸棉面朝上，运用前述熨烫胸衬正面和肩部的相同方法和流程进行熨烫，塑造胸部造型。

四、修正造型

　　将胸衬再次翻转至正面朝上，熨烫修正其造型。

提示：将胸衬平铺在台面上，检视前期归拔熨烫出的造型是否符合顾客体型，复核胸衬的整体丝缕是否挺直，并作必要的熨烫修正。

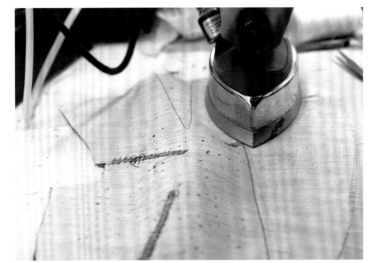

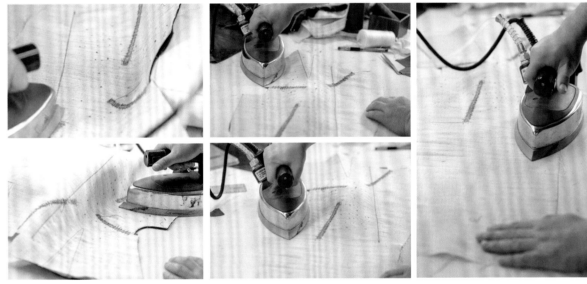

五、检视造型

在通过归拔熨烫塑造胸部造型的过程中，需边熨烫边提起胸衬的肩头，观察纵向丝缕是否顺直，以及造型是否达到理想效果和符合顾客体型特征，如有必要可再次修正。

六、修剪形态

　　完成归拔熨烫的胸衬需要进行一次初级的胸腰形态修剪。修剪时，将胸衬平铺在台面上，用划粉画出胸腰弧线并进行修剪。

　　为了达到完美的造型效果，制作完成后，需要将胸衬悬挂起来，静置2~4小时，待其冷却定型。通过这种方式，可以将熨烫时所含的水份完全蒸发掉。

提示：修剪侧缝形态前，需拿前衣片作为对照，以确保服装腰部能自然贴合人体。

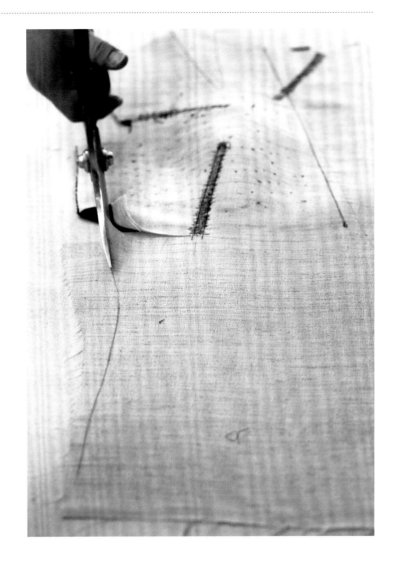

第五章

上衣毛样
手工覆衬与熨烫

　　手工高级定制服装的手工覆衬工艺是塑造胸型的关键技术，是将归拔塑型完成后的胸衬和通过归拔熨烫塑造出的与胸衬造型相匹配的衣片面料，通过各种手工针法覆合在一起的工艺过程。其操作方法是将面料与衬料上的腰省完全对齐，并保持上下层面料和衬料丝缕顺直，运用七道手工缝缉线加固，使前片胸肩立面形态挺括而自然。

　　为了保证面料的天然属性以便使服装更加轻盈，手工高级定制西装的前片衣身不使用黏合衬。这种采用手工覆衬工艺制作的西装不仅衣身合体、穿着舒适，而且外形轮廓线条流畅，立体感强，尤其是西装的胸部，呈现饱满、挺拔的形态。手工高级定制西装具有不易变形、舒适透气、褶皱恢复性好、肩部造型符合人体特征等优点。

第一节

上衣手工覆衬（男装）

一、覆衬前的准备工作

　　1. 全衬工艺的胸衬和前衣片长度一样，需将整个前片覆衬。覆衬前，再次对已经完成手工扎衬并经过冷却定型的胸衬进行归烫塑型和核查丝缕。

　　2. 重新归烫前衣片胸部造型，并理顺衣片的丝缕方向。操作时，左手提起衣片底部，右手将衣片抹平，使得前片从胸部到下摆处的面料丝缕笔直。

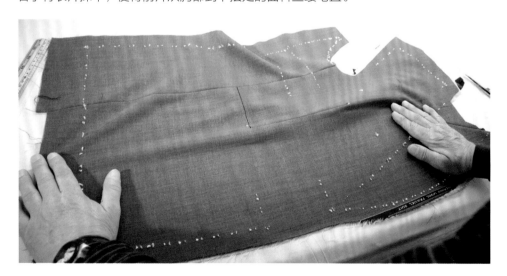

3. 将前衣片上的腰省与胸衬上的腰省重合对齐，并保持衣片胸部造型与胸衬胸部造型相匹配，避免因胸衬过小或过大而导致面料起浮或紧绷。着重核查面料丝缕是否顺直，确保覆衬后的面料丝缕仍旧保持顺直。

二、手工覆衬

采用与打线钉相同的细长手工针与棉线覆衬。为了便于展示，在本节所展示的服装样品中，覆衬工艺特意使用了红色线（注：在图片上红色线还是不太明显）。

1. 第一道线

第一道线的作用是固定门襟部位的面料丝缕。缝制时，从颈侧点与腰省的省尖之间约 1/2 处起针。操作时，左手需在离下针部位最近处（通常为一个手指宽）按住面料与衬料，使两层材料紧密贴合。每缝一针需停下来用右手拉一下肩头，观察整体丝缕是否顺直。

提示：下针前，将缝制区域整理平整，并用左手将已经整理出的局部平面按住。缝制时，右手在面料和胸衬的丝缕被左手手指完全固定的状态下缝针，以免上下层产生层差错位。

在平行于腰省约 5cm 处，以直线缝制扣位段。由于这个区域的平整度较好，缝制时左手可以按住距离缝制区域约 5cm 处的平面。下针时，要同时钉穿面料和胸衬，使针头触碰到台面，出针时应注意避免衬料和面料的丝缕变形，按此方法一直缝到下摆处。

提示：在收线前，左右手抓住第一道线的两端，观察缝缉线的挺直度和整体丝缕效果。

2. 第二道线

第二道线的作用是固定胸衬下半部分的纵向丝缕。在缝制前，需再次查看上下两层的腰省是否对齐。双手将缝制区域整理平整，在靠近腰省省尖处下针，用针挑起面料与胸衬，在距离腰省 0.5cm 且平行于腰省的位置缝制第二道线。每缝一针需用右手拉一下胸高点上方第二道线的延伸段，观察面料整体丝缕效果。

缝至腰省段，左手的操作要点是：按压调整缝制区域，使其保持平整；同时，通过触摸感知上下两层（面料与衬料）的腰省是否完全重叠，并确认面料的省道已做好分缝。

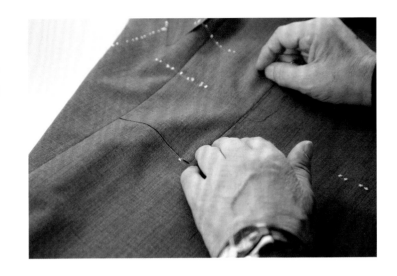

缝至袋口段，需离开袋口剪开线1.3cm左右绕行缝制，然后恢复到第二道线原来的顺直状态，一直缝制到下摆处。

3. 第三道线

在缝制第三道线之前需修正胸衬的造型，比对前片面料和胸衬的大小并作相应修剪。修剪后的造型要符合前片面料的胸、腰弧线形态。

第三道线的作用是对靠袖窿一侧的胸部造型进行收口。因收口部位对牢度的要求比较高，所以需采用交叉针法缝制。第三道线横跨于腋下，起到固定胸部造型和固定横向丝缕的作用。

4. 第四道线

第四道线的作用是固定重整后的前片止口丝缕。在缝制前，需重新整理翻驳线。胸衬经过归拔工艺后会使翻驳线的形态发生一定变化，故需重画翻驳线。

缝制前，需整理肩头，在肩部留出置入肩棉的空间。缝制时，左手按住上下层面料与衬料，使缝制区域尽量保持平整，按压部位与右手下针处的间距需最小化。

提示：在距离翻驳线约 2.5 cm 且平行于翻驳线的位置起针，顺延向下行针。

从上至下缝制到扣位处，然后改为密缝，在距离止口边约 2.5cm 且平行于止口边的位置继续向下缝制到下摆处，再顺圆摆造型转弯，一直缝制到与第二道线的交叉处收针。

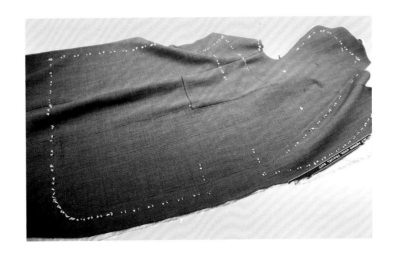

5. 第五道线

第五道线的作用是对肩部和胸部造型进行分界，也是胸部造型的上收口线。在缝制前，要在肩部留出置入肩棉的空间。第五道线依据肩胸造型采用弧线加固。

提示：对于新手来说，可以先用划粉画好弧线造型，整理好立面的胸部和平面的肩部后再缝制。

从翻驳线处起针，自胸部造型的上端以弧线缝到腋下，再用斜针固定腋下部位，缝制到腰部的袋位上端，将整个胸部造型完全固定。缝制时需要保持胸部的立面形态，并在袖窿处留出绱袖量。

6. 第六道线

第六道线的作用是将驳领扣布固定住。在缝制前，需将驳领部位铺平，整理平整后掀开面料，垫入驳领扣布。扣布需采用质地紧实的高支带浆棉布，以确保领面熨烫后柔韧、自然。其作用主要是辅助增强驳头八字针的牢度，以及确保驳领在长期穿着中不变形。

缝制时，沿上口驳领形态的线钉起针，用斜针缝制串口线部位，然后改用平针缝制整条驳领的弧线。

7. 第七道线

第七道线的作用是绷缝驳头翻折牵带。将衣片翻至胸衬朝上的一面，半边胸衬呈 90° 立靠在驼背木架烫台上，使翻驳线段完全平铺于台面，绷缝布牵带的另一边。

缝制要点是将局部的吃势量完全进行点对点的固定，吃势量大小视胸部肌肉发达程度有所不同，通常标准体型的吃势量在 2.5cm 左右。通过绷缝吃势量使得翻驳线产生的弧面与胸部造型相匹配，并紧贴胸部。

上衣覆衬后的归拔熨烫

一、熨烫靠近袖窿的半边胸衬

　　将前片胸衬面朝上，止口一侧的半边胸衬区域呈 90° 靠在驼背木架烫台上，使靠近袖窿一侧的半边胸衬区域完全平铺在台面上，熨斗以月牙形路径来回归烫覆衬后的衣片胸部造型。

二、熨烫袖窿和侧片

先归烫袖窿圈，然后以前侧缝为直丝缕方向归烫侧片的腰部和拔烫侧片的臀围。

三、熨烫肩部

移动驼背木架烫台，使肩部区域处于平铺状态，用熨斗反复干烫，直至肩部完全展开。

四、熨烫靠近止口的半边胸衬

将驼背木架烫台换到另一边，使止口一侧半边胸衬和驳领区域完全处于平铺状态，用熨斗反复干烫。

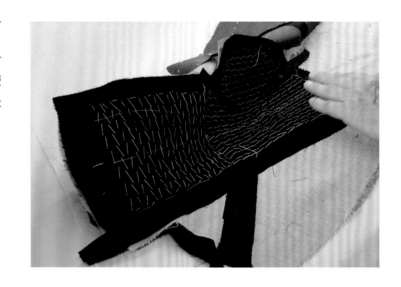

五、整烫前片肩部到下摆

　　先从上至下整理衣片肩部到下摆的丝缕，然后用熨斗反复进行直线熨烫，并将翻驳线上的吃势量归平。

六、整烫前片腰腹部

　　由于腰腹部只有一层衬料，注意要均匀地熨烫，并保持该部位纵横向丝缕不变形。操作时需左手按住驳领处，并把握整个胸衬的形态，熨烫塑造腰腹部的造型。

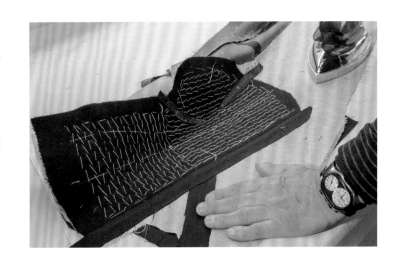

七、正反面整烫

　　1. 在衬料面整烫前片胸衬

　　整理熨烫时，要融入正确的操作手势，左手提起肩部，其高度需要根据熨烫部位的造型作相应的调整，右手所持熨斗熨烫胸衬的角度也需要根据不同部位的造型作相应变化。

2. 在面料正面整烫衣片

整烫好衬料面之后，将衣片翻转
至面料朝上，在衣片的正面进行整理
熨烫。保持胸部立体造型，将前片平
摊在烫台上，先熨烫止口的直丝缕线，
再熨烫下摆部位，最后归烫袖窿圈和
腰部。

提示：要熨烫出满意的立面效果，操作
者需要掌握熨烫技能。在方法正确的前
提下，熨烫时间也需要长一些。

八、冷却定型

将整烫好的衣片静置 2 小时以上冷却定型，将熨烫时所含的水份完全蒸发掉。

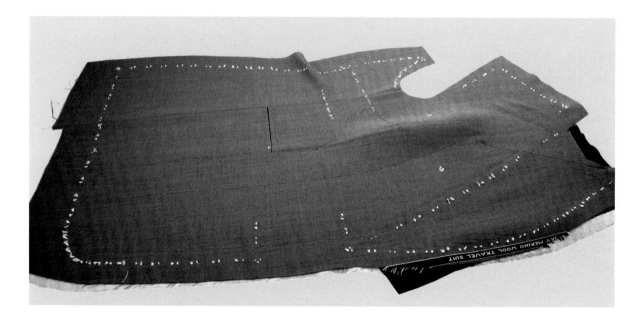

上衣手工覆衬（女装）

女装上衣手工覆衬方法和流程与男装大致相同，只是女装更加强调胸部形态的塑造，因此覆衬部位和针法也相应有所区别。

一、覆衬前的准备工作

1. 与男装覆衬一样，手工扎衬后需进行熨烫，并静置冷却定型。在覆衬前，需要将已经完成手工扎衬并经过冷却定型的胸衬靠在驼背木架烫台上，使准备熨烫的半边胸衬呈平面状态，再次进行熨烫塑型。

2.以胸部区域为中心，熨烫好半边胸衬后，再熨烫另外半边。为了便于操作，需要将半边胸衬立靠在驼背木架烫台上，使另半边熨烫区域始终保持平整。

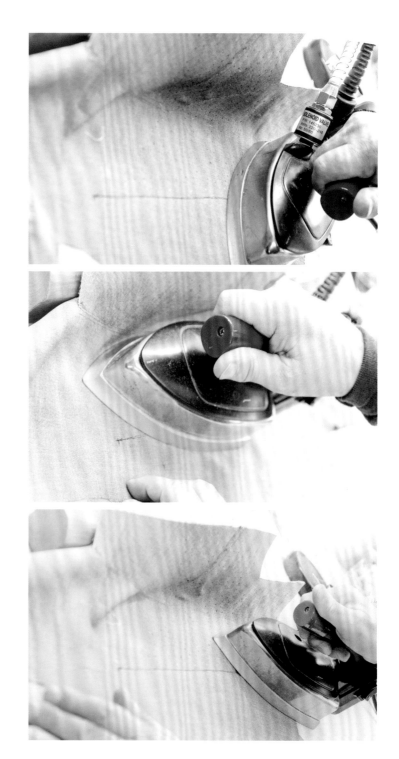

3. 熨烫好正面后，再将胸衬翻转，熨烫整理另一面。在熨烫过程中需保持干烫，以免因使用蒸汽熨烫导致过多水汽滞留在胸衬里。

4. 覆衬前同样需要重新归烫整理前衣片胸部造型，并理顺丝缕方向。保持胸部立体造型，将衣片摊平，熨烫整理翻驳线至下摆处，使面料丝缕顺直。

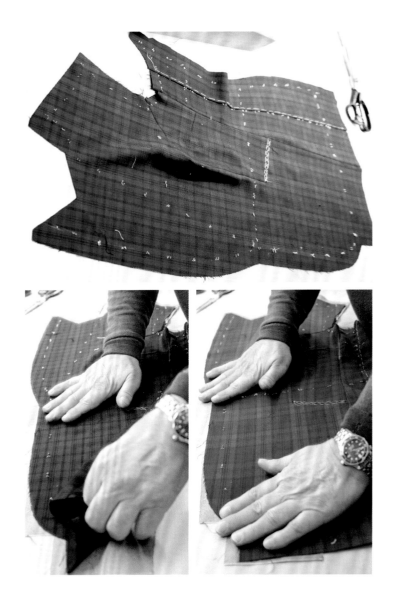

5. 与男装覆衬流程相同，将前衣片上的腰省与衬料上的腰省上下层重合对齐，并保持衣片胸部造型与衬料胸部造型相匹配，着重核查面料丝缕是否顺直，确保覆衬后丝缕平直。

提示：核查确定面料和衬料的丝缕后，可以使用珠针别住腰省的对位点。

对位点

二、手工覆衬

1. 第一道线

绷缝第一道线时，需要在起针点留出垫肩位置。与男装相比，女装胸部省量较大，对于腰部面料的牵扯也较大，导致丝缕产生较大的弯曲变形。覆衬时，需要一边整理丝缕方向一边绷缝。第一道线应笔直地缝到下摆处，避免出现因省量过大、丝缕弯曲变形而导致绷缝线与面料纵向丝缕方向不一致的情况。

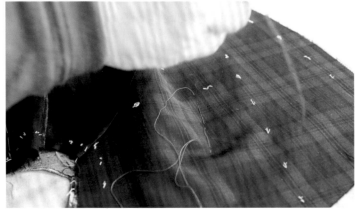

2. 第二道线

第一道线固定好面料的纵向丝缕以后，绷缝第二道线。用针挑起胸部区域，将面料与胸衬一起折叠捏住，展平缝制区域，使第二道线与第一道线之间的面料保持平整且上下层贴合，然后从腰省部位起针，沿着省道向下绷缝。缝至袋口段需绕开袋位，然后继续向下绷缝至下摆处。

3. 修剪衬料

修剪超出胸衬和腰省的多余衬料，以便更好地塑造胸部立体造型和收腰效果。

4. 塑造胸型

女装胸型由多道缝线塑造而成。用手工针挑起半边胸部衣片，使另外半边保持平整，缝制时左手中指按住平面区域，由于能整理出来的平面非常小，右手的下针与出针部位就在左手的中指位置，因此中指的按压塑型作用很关键。

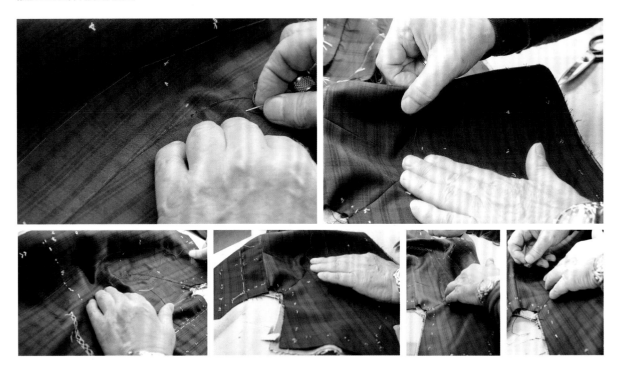

提示：在手工覆衬时，左右两半边缝制的手势和松紧度要保持一致。

在胸部区域手工缝制两道月牙形的缝线。要一边缝制，一边核查丝缕。在左手不放松的前提下，右手每缝一针都需停下来拉一下肩头，确保丝缕顺直。

完成两道月牙形缝线后，换另外半边，以相同方法再缝制两道月牙形缝线，完成后的线条外形呈橄榄形。

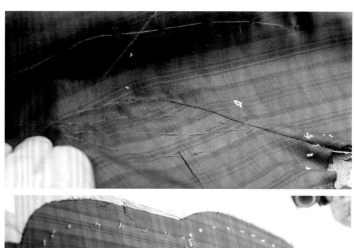

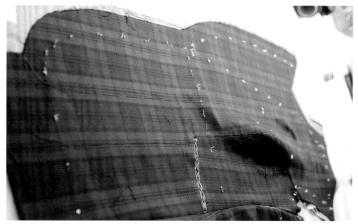

从肩部至腰部缝制一道线，以划分出肩部、前袖窿圈和收腰部分的造型。缝制要点是：在肩部留出足够置入肩棉的空间后，起针缝制一段外弓弧线；转入腋下时需留出绱袖量，缝制一段内凹弧线；转入腰部后，在已经熨烫、修剪好造型的胸衬上，用斜针缝制一段外弓弧线。

缝完肩部至腰部的缝线后，再缝制一道线区划分出驳领和胸型区域。缝制要点是：使缝制区域完全平铺或呈现微量吃势，缝至有吃势处需加密针脚。缝至止口线时，需理顺纵横向丝缕，一直向下缝至下摆处转弯，连接到之前缝制的第二道缝线上。

提示：驳头处先垫好扣布，再从距离翻驳线 1 ~ 2cm 的斜线处平行缝制。缝制前用针挑起胸部衣片，确保缝制部位保持平整。

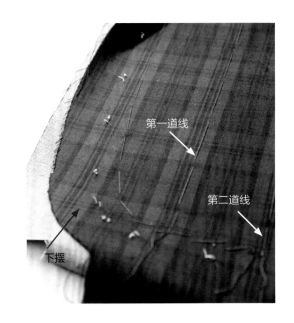

5. 塑造驳领

掀开驳领的面料，整理已经垫放在驳领部位的扣布。沿着领型结构线绷缝领面、扣布和领衬，在串口线部位采用斜针，在前翻驳止口区域采用平针，一直向下绷缝至扣位。

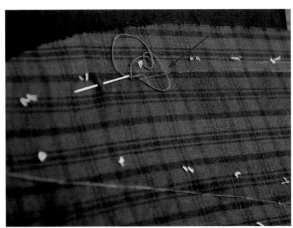

提示：缝制领部形态的轮廓线时，面料和衬之间需保持一定的里外匀量，使驳领外翻时具有自然的动感效果。

6. 绷缝驳头牵带

在胸衬这一面将已经车缝在翻驳线上的棉布牵带翻转折叠，缝制前要归纳已有的吃势量。确定吃势量的位置并加密针脚，通常标准体型的吃势量为 2.5cm，吃势位置在乳房上下围区域。吃势量的加入使得翻驳线产生弧面，起到划分胸部和驳领的作用。

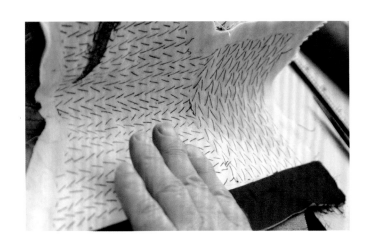

三、整体检视

对已完成覆衬的衣片进行反面和正面熨烫，将其整烫塑型，熨烫方法和男装相同。同时，检查覆衬的丝缕方向，面料和衬料的造型匹配程度，以及面料和衬料的贴合程度。

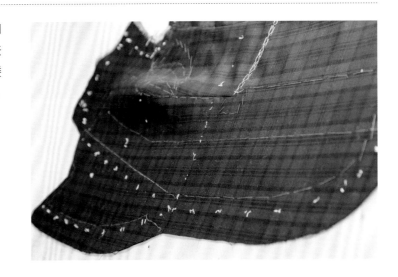

将整烫好的衣片悬挂在人台上，翻折好驳领，检查覆衬质量和造型效果。静置 2 小时以上，待其冷却定型，以备下一环节制作。本例覆衬的衣片肩部是英式翘肩设计，肩部造型与衬料完美贴合，肩型挺括，肩点微翘，塑造出女性英武气质。

第六章
上衣毛样衣片假缝

　　在手工高级定制流程中，假缝是一道重要的工序。假缝是指使用手工基础针法将衣片中含有缝份和放量的部位缝合起来，使其形成合体的毛样服装。假缝环节有利于试样、精确修板和精工艺缝制。假缝时，需要考虑人体不同曲面的立体效果，还需要对放量边进行归拔熨烫。西装上衣的假缝边主要有前止口线、左右肩线、左右后侧线、领圈线、袖内外侧线、左右袖窿圈线、衩位线等。

后衣片牵带的手工缝制工艺

　　后衣片牵带的手工缝制过程就是后衣片立面塑型的过程，是在后领圈、后袖窿圈、后衩位及下摆等部位添加牢度的收口工序。在手工高级定制西装的制作工艺中，常将质地紧实的高品质棉布牵带缝制在以上四个部位，起到塑型和加固局部区域的作用。

一、复核后片肩宽

　　先核对后片的总肩宽尺寸，再核对小肩宽尺寸。两端肩点的测量位置在袖窿牵带宽度的二分之一处。

提示：圆背等背型特征较明显的体型，在复核后肩宽或者后背尺寸时，应该将后衣片置于立体的人台背上，使已经归拔的量全部展开后再测量尺寸。

二、后领圈画线

将划粉削薄，按照线钉线迹在面料正面用划粉绘制后领圈线和后肩线。

提示：图片所示款式为格型面料，因此在毛样制作中暂时保留后肩放量。

三、后领圈牵带

核对尺寸后，用手工回针在后领圈处缝制棉布牵带，缝制的线迹要落在面料正面弧形划粉线的内侧。牵带的颜色和厚度应与定制服装的面料颜色及厚度相匹配，并保持丝缕方向一致。牵带的宽度为2~2.5cm。

提示：这道回针线迹会在后期绱领时被遮挡住。

四、袖窿圈牵带

用同样的针法在袖窿圈处缝制棉布牵带，并进行归烫塑型，完成后衣片上半段的牵带缝制。

五、双开衩牵带

先将开衩部位的棉布牵带按已经拔烫过的弧形下摆造型进行熨烫塑型，再使用手工回针将其缝制在摆衩上。

将牵带缝入摆衩后，需绷缝固定
摆衩及下摆折边。缝制时需注意融入
手势，将面料窝起来模拟人体腰臀部
造型，使其呈现自然贴体的窝势造型。

前衣片止口的手工假缝工艺
与归烫造型

手工缝制前止口时，需具备驳领止口自然外翻、门襟止口自然内凹的塑型理念，并融入左右手的不同操作手势，从而缝制出理想的立体效果。

一、假缝驳领止口

将驳领处 2.5cm 宽的止口放量边往里折进，然后进行手工缝制。

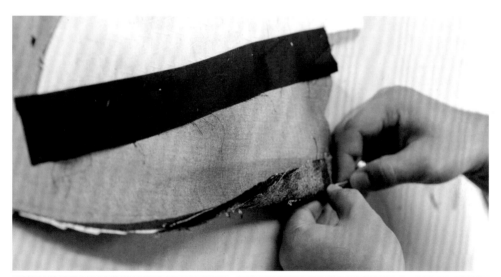

提示：操作时，左手在塑造驳领的面料紧、衬料松的里外匀趋势后，将放量边折进，右手先以基础平针固定驳领的折边，然后在 2.5cm 宽的止口边上添加另一道基础平针，使得止口基本平伏。

二、假缝门襟止口

由驳领止口直接顺延假缝门襟止口。第一扣位是承上启下的要点，需要融入足够的量才能在穿着时贴合人体。

提示：操作时，先要在该部位增加若干个小剪口来展开局部绷紧的丝缕，其次需在扣位处加密缝制针脚。在修剪扣位处的剪口时要慎重，通常在确定止口放量后再开剪更合适。

三、假缝下摆折边

继续缝制下摆圆角，并顺势翻折下摆放量边，除在圆摆处加密针脚外，还需用左手塑造出里窝的斜面，才能缝制。由于放量有 6.4cm 左右，需要缝三道线来固定其造型。

四、检视整体效果

翻折止口并手缝固定后，将衣片平铺，检视整体效果。如图所示，下摆呈现扇形打开形状，符合人体的着装造型需求；前片扣位处拱起，驳领翻折后更合体。

前后衣片手工假缝工艺

一、复核尺寸

经过归拔和车缝处理后，部分衣片的丝缕和尺寸会发生变化，需要复核胸腰尺寸。测量前胸围尺寸，需从前侧片的线钉收进1cm处开始，水平测到止口边。

测量腰围尺寸，需从前侧片的线钉收进1cm处开始，水平测到止口边。

测量前衣长尺寸，需从前肩线的线钉下1cm处开始，垂直向下测至下摆。

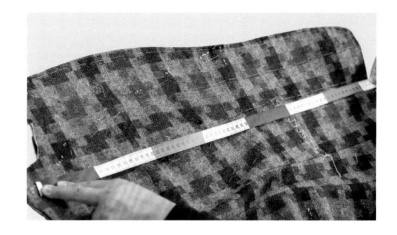

测量后背长尺寸，需从后领圈线钉开始，沿后中缝垂直向下测至下摆。

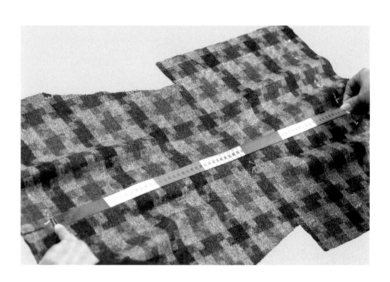

测量后胸围或后腰围尺寸，需从后片的胸围或腰围线钉位置各收进1cm，从左边水平测到右边。

二、修正侧缝

由于归拔以及缝合后衣片丝缕发生变化，除需要复核衣片尺寸外，还需要比较前后侧缝线的线条形态。如果线条形态差异较为明显，需在尺寸不变的情况下略作修正，以免缝合后产生局部起包现象。

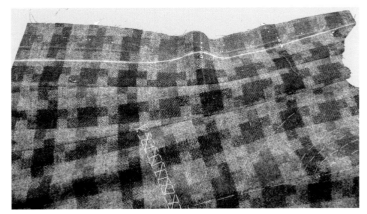

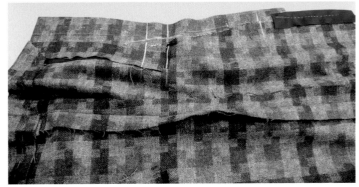

三、对条对格

假缝前需要检查各部位的对条对格情况。如图所示，对齐摆放衣片，检查前后衣片的对条对格情况，以及面料丝缕方向。

四、假缝侧缝

　　假缝前后片侧缝的常规缝制方法是将留有 2.5cm 放量的侧片置于下层，沿后片收进 1cm 的缝份量，用手工平针缝制第一道线。

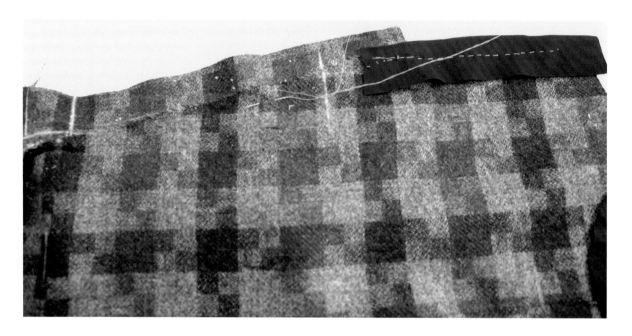

　　再将衣片翻转至正面，垫上驼背木架烫台辅助造型，使侧缝线在弓背上完全展平，在距离止口 0.6cm 处切线缝制第二道线作为加固之用。

提示：有些不伏贴的面料需要使用不同大小的针距交替缝制，使其合缝伏贴。

图中所示衣片是圆背体型顾客的衣片，其前后侧片缝制方法与前文所述常规体型的衣片缝制方法相同，不同的是圆背或者后背肋骨凸出体型需增加后侧片的吃势量来塑造松量。

提示：手工高级定制服装的制作流程和制作要点因人而异，鉴于篇幅所限，不能一一列举，故本书在讲解某些部位的制作工艺时，会选取几位顾客的定制案例，讲解不同体型特征的服装，以及不同面料、不同款式服装的制作要点。

五、熨烫整理

假缝后，需熨烫整理留有 2.5cm
放量的侧缝和弧形下摆。拔烫放量边
前，对于质地紧实的梭织面料可以添
加几个 0.6cm 的剪口。完全拔开放量
边后，再对折熨烫，并在对折部位用
手工针以 2.5 ～ 5cm 不等的针距缝制
固定，使侧缝线完全伏贴。

提示：对折的目的是使腰部既留有放量，
又达到收腰效果。

圆背体型的侧缝线熨烫方法与前
文所述常规体型的侧缝线熨烫方法一
样。除了需将侧片留有 2.5cm 放量的
侧缝线拔开，还需要归烫后片侧缝线
上的吃势量。在正面熨烫时，需要垫
放与圆背体型相匹配的软垫沙包，使
衣片造型更合体。

对于弧形下摆的立面熨烫，需将
熨烫区域置于大号木架袖烫台上，将
下摆一侧朝向操作者，使其完全展开，
左手按住熨烫区域，逐步逐段地熨烫，
直至弧形下摆完全平伏。

六、整体检视

前后片假缝并熨烫完成后，需要
整体检视工艺效果。将衣片平铺，下
摆呈扇形展开，腰部呈弧线展开，胸
部呈弓形展开。

提示：经过塑型的服装在平面上展开时，
视觉效果是不平整的。

袖子外侧线手工假缝工艺

　　人体在静态直立时，手臂自然下垂，呈向前弯曲状态，袖子的外侧线与内侧线需呈两条弯势形态对应的线条。缝制袖子外侧线之前，需具备立体塑型理念，并将其运用到袖子缝制与熨烫工艺中，才能制作出符合人体着装状态，造型完美的袖子。

一、核查丝缕

　　将大袖片置于上层，袖子的内侧线呈弧线平铺在台面上，整理出清晰的轮廓线，然后按照袖长和袖口净尺寸，重新修正外侧轮廓线，并核查袖子的丝缕方向。可借助专用工具尺画出手工假缝的外侧线。

二、手针假缝

手针平缝大小袖片外侧线。将留有 2.5cm 放量的小袖片置于下层，将大袖片外侧边对齐小袖片放量上的划粉线，在收进 1cm 缝份量的位置缝制第一道线。为了避免上下层面料产生层差错位，需要在缝制部位 2.5cm 区域内用左手抵住面料，确保上下层面料完全贴合后再缝制。

三、正面加固

将袖片翻转至正面朝上，套在驼背木架烫台上，使外侧缝弧线完全展开，在距离止口 0.6cm 处切线缝制第二道线作为加固。

四、熨烫整理

将袖子套在软垫沙包上，使熨烫区域完全展开，再逐步逐段进行熨烫，边熨烫边查看袖子的整体丝缕方向是否正确。

五、绷缝袖口

　　确定袖长尺寸后，按袖子的整体形态确定袖口造型并将放量折进，然后套进软垫沙包，绷缝袖口，并用斜针固定折边。

六、整体检视

　　将袖子悬挂固定在人台上，检视假缝工艺的整体效果。观察袖子的自然弯势是否符合顾客手臂自然下垂时向前弯曲的状态，并对袖子前部的弯势进行定位，为后期绱袖做好准备。

第七章

上衣毛样
肩部造型工艺

  服装局部细节决定了服装整体的美感，如衣领、肩部、袖子和衣身的细节设计都与整体造型密切相关。肩部不仅可以对服装起支撑作用，还能展现人体的曲线美与服装的造型美。

  在定制业务中常常会遇到不同体型的顾客，个人喜好也不尽相同。就设计要求来说，有的顾客喜欢相对合体的肩型，有的顾客则喜欢略为夸张的肩部造型，比如翘肩。就设计风格来说，不同地区、不同文化与不同流派所设计的肩型也不尽相同。萨维尔街英式西装秉承了英国传统，强调合体、修身和线条感，肩部严丝合缝，腰部收紧，使上身呈沙漏形，垫肩较薄，肩型挺括，袖窿上提，为手臂提供了足够的活动空间。意式定制西装强调合身的肩部轮廓，烘托出高雅性感的气质。而美式定制西装的肩部线条自然，腰部收缩小，衣身较为宽松。

上衣肩线造型

塑造手工高级定制西装上衣肩线造型是一项高难度的技术工作，颈侧点和肩点的定位直接影响领圈和袖窿圈的形态和尺寸。从技术层面来说，从平面样板转化为合体服装的最主要因素是一个领圈和两个臂圈，再加上西装又都是翻驳领款式，难以直观判断领圈的纵向尺寸，这无疑增加了工艺难度。

一、精确绘制领圈线

归烫后领圈并复查其纵横尺寸，在覆有牵带的后领圈上修正线钉标记线，用削薄的划粉重新精确绘制后领圈线。

二、确定肩宽尺寸

通过后片的总肩宽来确定小肩宽尺寸，依据肩型融入后肩的吃势量并绘制肩线，常规体型的肩部吃势量为0.8~1cm，圆背体型需增加吃势量。

确定前肩宽尺寸和翻驳线位置。因前片胸部的立面造型会导致翻驳线产生微量变化，故需要重新确定翻驳线。

将前肩线上平行于翻驳线内侧3.2cm 处作为（男装）前片颈侧点，用削薄的划粉精确绘制领座底线。

核查前肩线尺寸并确定肩点位置，依据肩型和人体前肩自然凹势绘制肩线。

三、修剪领圈

依据领座位置，在领子的串口部位留出 1cm 的缝份量，在肩头留出2.5cm 的放量。需要将肩部的面料和肩衬一并放在平面工作台上展平，再修剪塑造形态。

四、修剪袖窿圈

　　先修剪前袖窿圈，再修剪后袖窿圈。按已经确定的前肩点，使用弧线多功能尺的前袖窿弧线绘制前片袖窿线。修剪余量时，前肩点处需留出2.5cm的放量，袖底部位不留放量。

修剪完前袖窿圈后，再修剪后袖窿圈。按已经确定的后肩点，使用弧线多功能尺的后袖窿弧线绘制后片袖窿线。修剪余量时，后肩点处需留出1.3cm 的放量，袖底部位不留放量，但需保留侧片后侧线上的放量。

提示：需根据袖窿圈的大小选择合适的剪刀，以剪刀方便旋转为宜。

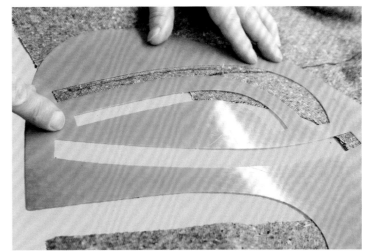

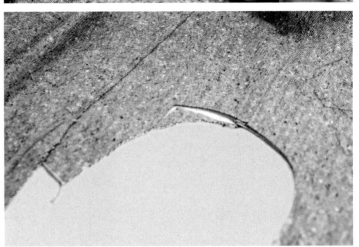

上衣肩线的手工缝制及造型

上衣肩线的缝制要点：（1）用手工基础针沿重新确定造型的前后肩线缝制，理顺丝缕并纳入吃势量；（2）用手掌撑开肩部，使其处于立体状态，在此基础上进行手工缝制。

一、合并肩缝

将左右前肩同时拉顺，准备合并肩缝。

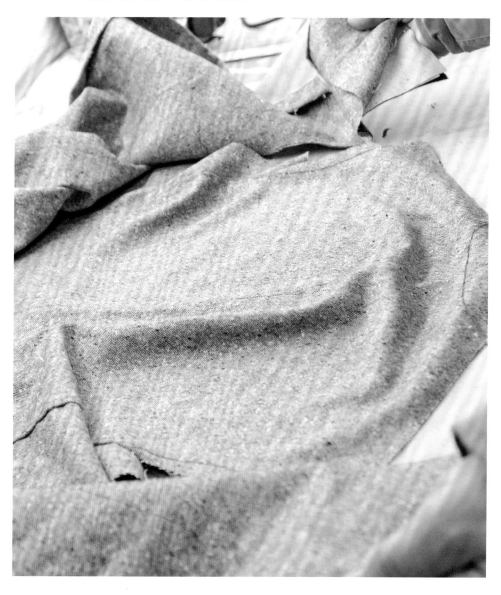

操作时需注意手势，将前片衣料的左右肩同时轻轻提起，应避免由于手法过重导致左右衣片的丝缕产生不同程度的变形。

先缝合右肩。将后肩线对齐前肩的划粉线，自颈侧点起针，在收进1cm缝份量的位置，缝制第一道线，针距约为1.5cm，常规肩型在起缝约2cm后开始纳入后肩吃势量。

提示：完成第一道线后，重新从颈侧点起针缝制第二道线，加固后肩的吃势量。

再缝合左肩。在颈侧点缝两针将前后肩线固定后，从肩点起针缝合左肩，缝制方法和右肩相同，注意需要纳入吃势量。

上片拱起的部位为将要纳入的后肩吃势量。

左肩同样需要缝制两道线。

二、归烫肩部吃势量

将肩线置于烫台上归烫肩部吃势量。熨烫的要点是将后肩线朝上，先用手理顺吃势部位的纵横丝缕，再使用熨斗的尖头部分逐点逐步地归烫，直到吃势量完全归平为止。

正面检查肩线的丝缕。双手提起小肩或者使用手掌心托起小肩，然后用手掌模拟人体肩部的内凹造型，此时衣片肩部随着手掌的内凹，呈现出立体状态。

三、固定领圈丝缕

检视前后领圈丝缕是否平顺，左手提起衣片肩部，右手从肩线以下约5cm 且平行于翻驳线的位置起针，使用回针法将面料与胸衬一起固定，一直缝至肩线。

提示：回针法缝制的这道线，是起到塑造立面领圈作用的标记线。

四、缝制第二道肩线

整理肩缝线，将前肩留有放量的
一边倒向后片，同时理顺肩衬，将肩
缝线置于辅助工具上，从颈侧点距离
后片止口 0.6cm 处起针，缝制到 1/2
肩线长的位置，准备置入肩棉。

五、置入肩棉

依据肩型选用不同形态的肩棉。将肩棉边缘烫顺压薄，以免因为肩棉边缘太厚而使服装成品在正面视
角下产生痕迹。如果顾客存在高低肩现象，则需依据实际情况将肩棉改制成不同厚薄后再使用。

确定左右肩的肩棉形态后，将肩
棉中心点与肩点对齐，置入肩部。肩
棉边缘处于肩线向内收进 1cm 缝份量
的位置。

撑开左手手指，托住肩棉，手心内凹，使衣片肩部呈立体状态，右手将面料丝缕理顺，在斜面上缝制固定肩棉。

先以交叉针缝制固定前半部分肩棉，然后继续缝制固定后半部分肩棉。

六、整体检视

制作完成后，需检视肩部整体造型。正常体型的左右肩斜相等，肩型对称，整体造型呈现自然的前凹趋势，后肩弧度饱满，符合人体结构特征。

第八章

上衣毛样
领部造型和绱领工艺

　　手工高级定制西装对衣领的设计与工艺要求是领子的形态适合顾客颈型，领座的下口贴合颈根，领座的上口贴合颈部。高定西装对领部材料的品质要求很高，需采用归拔韧性强、挺括度好的领衬和领底呢，再配合手工八字针扎衬，塑造领子的立体造型以及固定领子的翻折形态。手工绱领时，将领圈与领子视作两个半圆形，从后中心点起针，先缝制右边领圈及串口线直至驳领交接点，再从后中心点起针，以同样的方法缝制左边领圈及串口线直至驳领交接点。

上衣领衬归拔及修剪

一、材料准备

　　手工高级定制西装领部材料包括领衬和领底呢。领衬需要具有一定硬度和弹性，要比毛衬更挺括。对领底呢的质感要求是在归拔时具备较好的伸缩性，同时其色彩还应与服装面料相匹配。

二、裁剪领底呢毛样

　　沿 45° 方向斜裁领底呢。通常领底呢毛样为宽 12.7cm、长 35.6cm 左右的斜料，具体制作时需要根据顾客的领部尺寸，一对一单量单裁，然后用划粉在领底呢上画出 1/2 的毛样领型。

三、制作领底呢毛样

　　修剪领底呢裁片的中缝线并将两个裁片车缝合并，再分缝熨烫中缝线，然后用划粉在另一半领底呢上补齐领座和领面的分界线，使其形成一个完整的领底呢毛样。

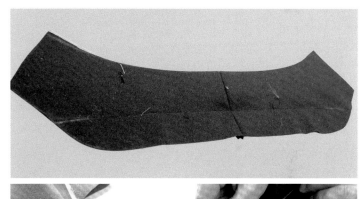

四、领衬的裁剪与制作

按照领底呢的大小和形状，沿45°方向斜裁领衬。领衬需要进行两次归拔塑型。先进行月牙形归拔，归拢领座边口，拔开领面边口，再进行垂直熨烫，将领衬两端大约7.6cm的部位烫直。

五、合并领衬和领底呢

将领底呢置于领衬上，领底呢有划粉线的一面朝上，在划粉线上车缝一道线，使领底呢和领衬固定在一起。沿领底呢上毛样领型的外圈划粉线修剪领衬，修剪时领衬要小于领底呢0.2cm。

六、规划扎衬区域

用划粉在领衬面上画出需要手工扎衬的区域。男装领座高为3.2cm，领面高4.5cm。

手工扎领衬塑造领型

　　领子手工扎衬的作用有两点：（1）塑造领子的立体造型；（2）通过扎衬使领衬与领底呢之间保持恒久贴合。扎领衬使用中号手工针及与面料同色系的车缝线。手工扎衬工艺主要分为六个步骤。

一、领座扎衬

　　第一道手工八字针扎领座部位。从领座上口分界线的一端起针，用左手的中指将缝制部位顶起，右手手工针朝左手中指位置刺下，直到左手中指感觉到针头后再向上挑起回针。

沿着分界线倒退行针，第一行扎的线型是八字针中的"捻"划。缝制到尾端后，转为以前进方向行针。第二行扎的线型是八字针中的"撇"划。

二、领面扎衬

第二道手工八字针扎领面部位。同样从分界线起针，操作手法同上，左手握住领面，用中指顶起缝制部位，以前进方向扎八字针"捻"划、倒退方向扎八字针"撇"划。

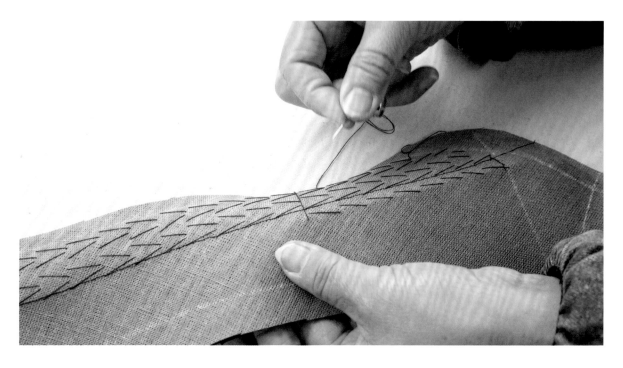

三、领面斜边扎衬

第三道手工八字针扎领面的斜边部位。依据造型需求，将领衬划分为三个区域，分别有不同的扎衬方向。第二区域是领面的斜边区域，左手像卷报纸一样握住领面，使其形成更明显的衬松面紧的里外匀趋势，再进行八字针扎衬，有利于塑造立体形态。

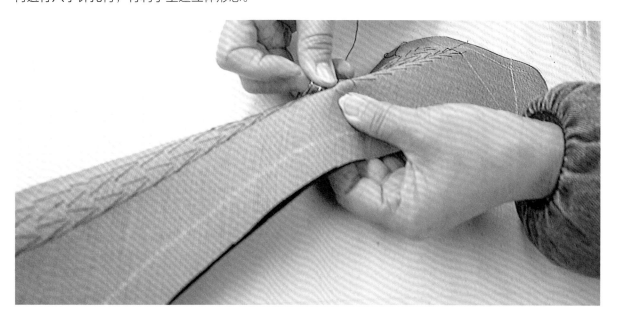

四、领角扎衬

第四道手工八字针扎领面的领角部位。领角是一个三角形区域，扎衬前将领面转到合适的位置，左手握住领角，手势与上述斜边扎衬相同，从里往外扎八字针。

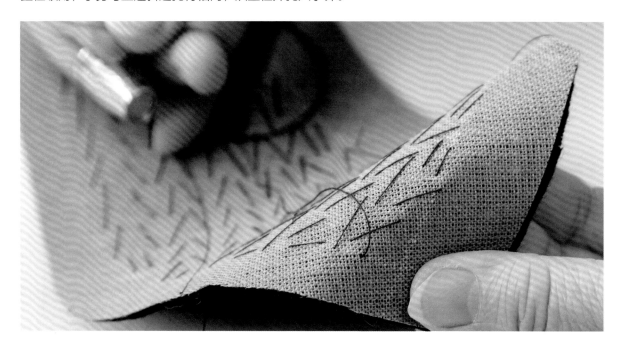

五、刻画分界线

第五道手工点针绷紧领座和领面的分界线。以点针法用双股线在领面与领座的分界线上缝制，针距大约为1.3cm，根据塑型需求，缝制时需将线略拉紧些。

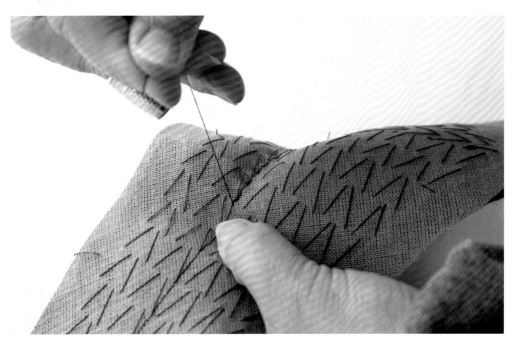

六、塑造领子立体形态

第六道手工绕针塑造领子的立体造型。沿分界线折叠领座和领面，将缝线改为单股线，以绕针法切上口边，塑造出领座的上口，固定领子的翻折形态。

手工绱领及熨烫

立面手工绱领分为三个步骤。（1）从后领中点缝至颈侧点；（2）从颈侧点缝至驳领串口线交点；（3）从串口线交点缝至绱领点。绱领的技术关键在于第二步，领衬与前领线缝合时，须确保领子的翻折线与前衣身的翻驳线对接后形成直线。整个领圈是立面造型，缝制后领时，需将其置于大小头软垫沙包上，缝制到领圈与翻驳线重合位置时，取出软垫沙包，在平面上缝制。

一、立面手工绱领

1. 缝合右侧的领衬与后领圈

将衣身后中缝与后领衬中缝线对位，将领衬覆盖在后领圈上，领衬边对齐后领圈的划粉线并盖住领圈上的回针线迹，从后领中点起针，以斜针法顺着领圈向前行针，缝制到右肩的颈侧点，再以双斜针加固。

2.缝合领衬与前领圈

从颈侧点至领串口线交点，这段线为前领线。领衬与前领线缝合时，要求此段领子的翻折线与前衣身的翻驳线对接后形成直线。操作时左手必须紧紧握住已对合的直线，右手缝制时必须做到始终保持领座丝缕顺直。

缝制要点：每缝一针，必须校对一次直线，确认一次领座丝缕，不断重复缝制与校对动作。缝制到与领串口线交叉处后向回缝，针距交叉间隔于第一道缝线的线脚之间，一直缝回到颈侧点。

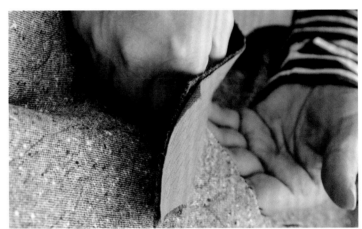

3. 缝合领串口线

从前衣身的领串口线交点开始至
绱领点，称为驳领串口线，将驳领串
口线与领衬的相应领串口线进行缝合。

缝制时需要注意，领衬翻折线应
与驳领翻驳线连接成一条直线，确保
成衣穿着时翻折线能够紧贴颈部。

绱领时，先缝制右侧，再缝制左侧。
缝制时注意方向、手势和针法的变化。

4. 绱左侧领衬

绱完右侧领衬后，再绱左侧领衬，缝制方法及技术要求同右侧。

5. 后衣身领圈剪口

由于毛样的后领圈上留有 2.5cm 放量，会影响后领弧形的展开，所以在车缝后中缝时不要缝到顶部，在留有 2.5cm 放量的后领圈上需增加几个刀眼，刀眼深度一般不超过 0.6cm。

二、立面熨烫

1. 使用木架袖烫台和大小头软垫沙包两种立面熨烫工具，先将软垫沙包置于木架袖烫台上形成一定的体积与高度，再将毛样前片套在上面，将胸前、驳头丝缕和前领圈熨烫平整。

2. 因每件衣服的大小和款式不同，熨烫时无法完全将熨烫区域摊平，因此，操作时需不断旋转衣身，寻找适合的接触面，整理领圈和后背的丝缕。

提示：操作时，有序地将熨烫区域分小块整理平整后再熨烫，若局部区域太小，可采用熨斗尖或者底部局部接触面料的方式进行熨烫。

3. 将一侧熨烫好之后，再旋转衣片整理另一侧的前片进行熨烫。左右前片的熨烫方法相同，熨烫的重点是前片丝缕、前肩点等部位。

4. 最后熨烫翻驳领。必须将立面胸部衣片完全展开在大小头软垫沙包上，然后自然翻转驳领，进行熨烫塑型。操作时用左手按住第一扣位处以便固定丝缕，熨烫翻驳线上口段。不必熨烫翻驳线下端接近扣位区域，这样可以使扣位区域充满动感，富有活力。

第九章

上衣毛样
袖部造型和绱袖工艺

　　定制服装上衣的设计与裁剪、制作工艺需综合考虑顾客的肩型特征、手臂位置和臂根形态等。由于人体手臂活动频繁，袖窿的造型不仅要满足着装者的仪态要求，也要满足手臂的活动量。手工高级定制西装对于袖子的设计与工艺造型以合体为宗旨，袖窿圈需要符合人体臂根的立面形态。通过袖窿尺寸在前、侧、后片的分布量来调整袖窿圈形态，通过袖山吃势量和分布位置来调整肩型和绱袖的位置，塑造出与人体形态相匹配的袖圈造型，使不同体型的顾客穿着定制上衣都能达到服装丝缕平衡，提升整体形象气质的效果，这也是手工高级定制服装的核心所在。

复核袖窿尺寸与矫正袖山形态

根据定制订单中对于顾客体型的数据采集、体型描述、设计要求等信息制作出符合顾客需求的肩型是手工高级定制服装技术要素之一，不同的肩型包含不同的袖山和袖窿圈形态，袖山的吃势量也完全不同。绱袖前复核袖窿尺寸及矫正袖山形态是手工高级定制服装制作工艺的重要环节。

一、复核袖窿尺寸

1. 测量袖窿尺寸

用左手手背向上撑开手指，托起服装肩部，模拟袖窿圈的上身效果，垂直测得袖窿深度，同时需要检查袖窿底部的尺寸。

2.测量袖山尺寸

将袖山部位平摊在台面上，在袖山底部的车缝线位置画一条水平线，从袖山顶点垂直向下测量到这条水平线，这段距离为袖山高。需要考虑袖山高与袖窿深尺寸是否匹配，以及袖山宽度与衣身尺寸是否匹配。

二、矫正袖山形态

将立面的袖子平摊在台面上，理顺整个袖子的直丝缕，使用弧线多功能尺的相应弧线段矫正袖山形态并画线标记。

提示：袖山的具体形态取决于顾客手臂前弯或后倾的实际情况。

画袖山线分三步 :（1）将立面袖子的前袖山部分完全平摊在台面上,用多功能尺画顺这段弧线 ;（2）将立面袖子的后袖山部分完全平摊在台面上,用多功能尺画顺这段弧线 ;（3）将立面袖子的袖山圈底部完全平摊在台面上,用多功能尺画顺这段弧线。

提示 :在小袖片外侧线上保留 2.5cm 的放量,以便日后调整袖子前后位置。

三、修剪袖山造型

1. 将修剪部位完全平摊在台面上,使用中号剪刀分段修剪袖山。操作时,左手贴近并按住修剪部位,右手使用剪刀头逐一修剪。

提示 :如果修剪的是左右对称的袖子,需要保留修剪下来的小袖片弧形余料,以便在修剪另外一边袖子时作对等的比较。

2. 小袖片的外侧线上留有 2.5cm 的放量,除此之外其他部分都保持净缝,但大小袖片内侧合缝线的缝份需保留一定的长度,以免车缝线迹脱落。

袖窿圈形态塑造

一、固定袖窿圈面料丝缕

　　再次整烫袖窿圈并理顺面料丝缕，开始对袖窿圈的塑型。在已经确定尺寸的袖窿圈上，以手工回针缝制一圈，这道回针线迹有两个作用：（1）使袖窿圈面料的斜丝缕得到固定；（2）可作为绱袖时复核袖窿圈形态的参考依据，只要沿着这道回针线迹绱袖就能保证袖窿圈的圆润。缝制时，先用削薄的划粉画顺袖窿圈，再从腋下起针，沿划粉线缝制，回针线迹需与划粉线形态完全一致。

塑造袖窿圈形态时，需要在后袖窿圈面料上增加一些吃势量。用手工回针缝制到后袖窿圈下部位处时，将线略拉紧一点，用力程度以确保能够将吃势量熨烫平整为宜。

提示：该顾客是圆背体型，故吃势量较大。

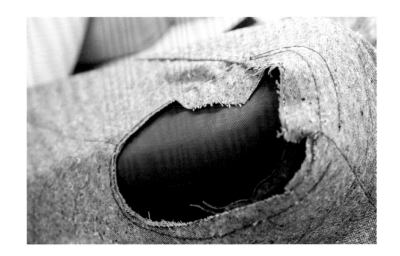

二、熨烫整理袖窿圈

将袖窿圈套进木架袖烫台，从袖窿圈底部开始熨烫。在熨烫过程中需不断调整位置，确保熨烫区域一直处于平面状态，熨烫至回针线迹完全平整为止。

熨烫时，根据烫台的位置和角度慢慢转动袖窿圈。当局部熨烫面比较小，不能将整个熨斗压下去时，只能采用熨斗尖头或尾部局部接触面料的方式进行熨烫。

手工绱袖

通过修正调整使得袖山与袖窿的尺寸及形态相互匹配之后，便可以进行绱袖工艺操作了。在绱袖过程中，需控制袖山的吃势量和吃势位置，运用两种不同手势和两道手工平针缝制固定袖山面料的丝缕方向，保证袖山吃势量的均匀分布。

一、绷缝第一道绱袖线

按照约定俗成的顺序，一般先绱左袖，再绱右袖。用袖片的内侧点（即大小袖片内侧线合缝点）对袖窿圈的对位点（一对一定制服装的对位点并不固定，需根据顾客手臂前弯或后倾的实际情况而定），将袖片与袖窿圈面料正面对正面，袖片压在袖窿圈上，袖片外边对齐袖窿圈上回针线迹收进1cm缝份量的位置，起针缝制。这是第一种手势。

起针后，每缝一针都需要用左手按住袖山的直丝缕。在袖窿深度的 2/3 以下部位无需融入吃势量，平缝即可。第一道手工缝线的针距约为 1cm。

缝制到袖窿深度的 4/5 部位时，即进入袖山顶部的大弯度区域。此时，已无法运用第一种手势继续缝制，需将缝制边从袖圈里套出来，握住并拱起缝制边的吃势，每缝一针，左手都需要纳入相同的吃势量。这是第二种手势。

缝制到袖片的外侧点（即大小袖片外侧线合缝点）时，通常需要检查一下袖子的前后位置和袖山丝缕。检查时，撑开手掌，手心朝下托起一边的肩膀，在袖子自然下垂状态下，观察袖口的前后位置是否符合顾客手臂前弯或后倾的特征。

检视结果通常可能会出现三种情况：（1）袖山形态不饱满，出现横向拉紧现象，需要通过调整袖山宽度来解决；（2）吃势量过多或过少，导致余量不足或者过剩；（3）袖子偏前或者偏后，需要通过移动袖山顶点位置来加以调节。

提示：如果有以上情况出现，需要拆掉袖子重新缝制。

二、绷缝第二道绱袖线

手针绷缝第二道绱袖线的目的是固定袖山面料的丝缕方向，均匀分布袖山吃势量，使整个袖窿圈轮廓更加清晰。缝制左袖时，从袖子内侧点起缝，缝制右袖时，从袖子外侧点起缝。

第二道线一般采用与第一道线颜色不同的线来缝制，其位置与第一道线相同，缝线需交叉、间隔地缝制在第一道线的针脚之间，缝制时要用左手将第一道线中的吃势量或者丝缕整理均匀。

三、整理肩部形态

整理肩部形态有两个作用：（1）查看袖窿圈轮廓的圆润效果；（2）塑造肩部及胸部的衬与面料贴合后的立面效果。方法是左手手掌呈内凹形状托出立体肩型，然后右手与左手手掌对应，反复按压前肩，就像按在人体前肩内凹处，使前肩造型完全立体。

四、绷缝袖窿圈

以斜针法从前腋下起针，紧贴袖窿圈向上缝制，固定面料和胸衬，缝至肩棉处时，只需固定表层即可。缝制时要注意左右手的手势，控制好每一针的角度，使袖窿圈的造型圆顺立体。

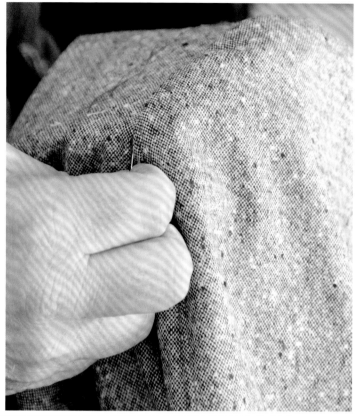

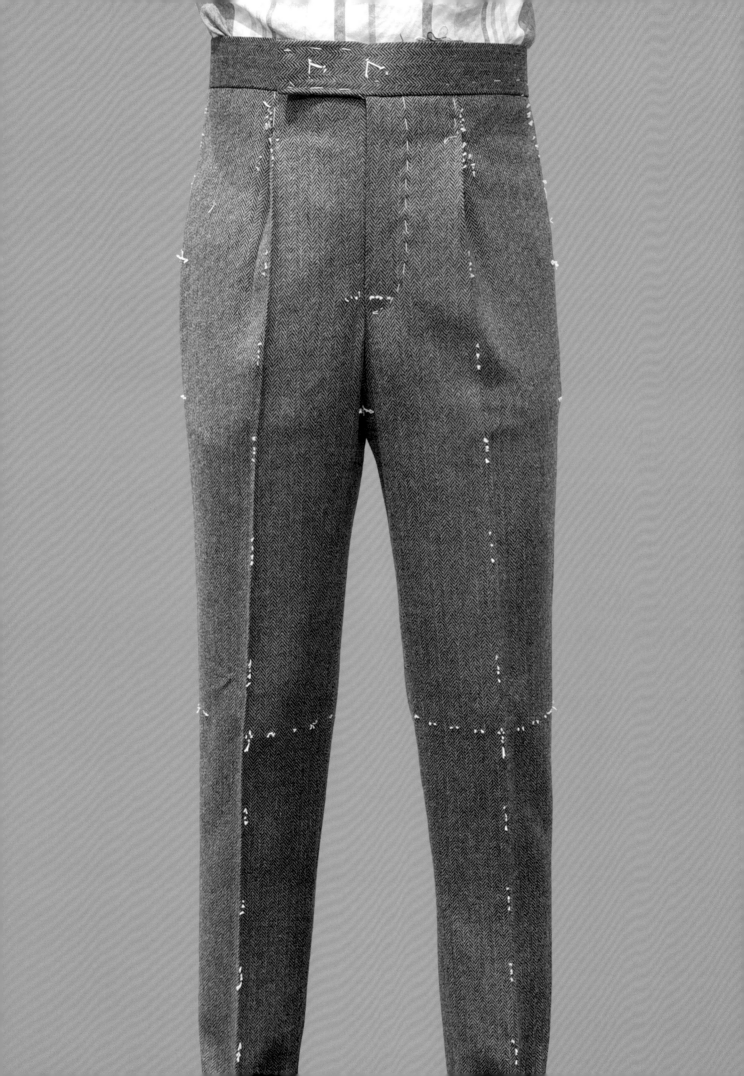

第十章
裤子毛样制作工艺

————————————————————

　　定制裤子是手工高级定制西装中的重要部分。由于裤子穿用和洗涤频率高，一些讲究的顾客通常会定制一件上衣和两条甚至三、四条裤子以便备用和替换。裤子的制作工艺与上衣不同，在高级定制行业中，裤子工艺师和上衣工艺师分别属于两种不同的技能岗位。

　　手工高级定制裤子毛样制作要点：（1）各裤片都需保留放量，供试样后调整使用；（2）各裤片的结构线、前后挺缝线、各主要测量部位及袋位均需要打各种不同形态的线钉；（3）裤片的臀部、胯部、腹部、大腿前部、小腿后部及膝关节等部位需要按照顾客体型进行归拔熨烫塑型；（4）男裤左右片前窟门的修剪及塑型需要符合顾客习惯；（5）装拉链的操作需要在立面形态下进行；（6）裤腰需要采用精工艺制作所用的面料、腰衬料，缝制时需纳入吃势量，进行腰头的立面塑型，按照裤腰尺寸安装好裤钩和裤挂。

第一节

裤片上的线钉制作

一、线钉制作前的准备工作

1.线钉制作前,需准备好工具和材料。制作工具包括大小剪刀、手工针、顶针、划粉、尺子,以及与裤片有色差的棉线(便于拆解毛样)。材料包括裤片、拉链、门襟、里襟和用于裁剪腰头的零料以及腰衬等。

2.裤片上的线钉制作方法与上衣相同。要特别注意针法,出入针角度需保持垂直。

提示:前裤片打线钉前,需检查内侧线是否有放量。通常以裁片的划粉线为准,如果无划粉线,说明内侧线没有放量,不需要打线钉。

3. 右手出针时，左手需按住缝制区域，使其上下层面料贴合。

提示：需要确定前后裤片的挺缝线位置，并打上线钉。

4. 出针角度需垂直于上下层面料，出针部位要固定好，以防因面料移动而产生丝缕错位。

二、前后裤片的线钉

沿前裤片外轮廓的划粉线打一圈线钉，在线条的相交处打十字交叉线钉。前挺缝线为直线，线钉的间距为2.5cm左右。前片线钉还包括前褶位、前口袋位等内部结构线钉，以及膝盖位等对位线钉。

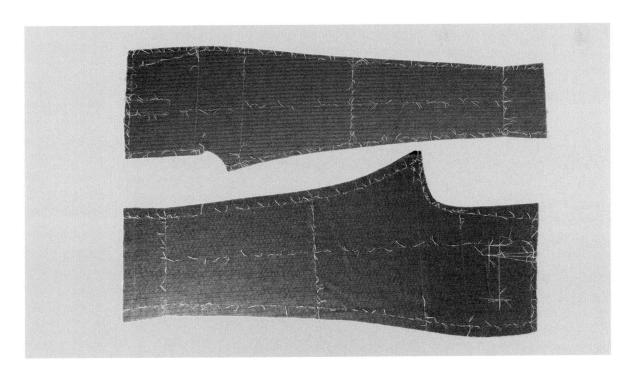

三、局部细节线钉

　　直线段和弧线段的线钉针距要有变化，后窿门弯裆处的线钉要比直线处密集。局部细节线钉主要有对位线钉和内部结构线钉等，包括臀围、膝盖等部位的对位线钉，以及袋位、褶位、拉链位等线钉。

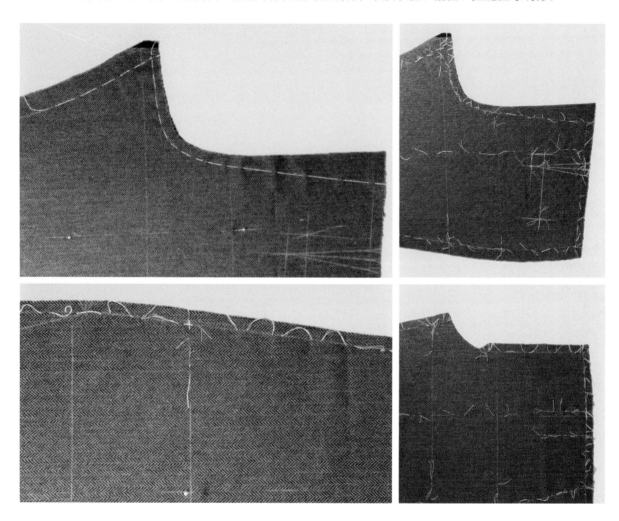

裤片归拔熨烫塑型

一、前裤片内外侧线归拔熨烫塑型

　　1.将前裤片平摊在烫台上，裤片的内侧线朝里，熨烫裤片膝盖以下部位。以挺缝线为分界线，理顺内侧线，将褶皱推向外侧，熨烫内侧线。

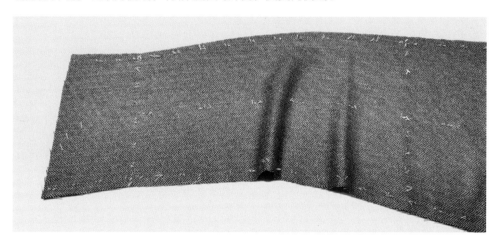

　　2.熨烫外侧线时，将褶皱推向内侧，熨烫方法与内侧线相同。

二、前裤片腹部臀部归拔熨烫塑型

1. 归烫前窿门。将前裤片平摊在烫台上，使裤片的前窿门朝里，以挺缝线为分界线，理顺内侧线，左手从窿门线起将面料的横向丝缕往挺缝线方向推，此时窿门线旁会出现褶皱，需要用熨斗将其归烫平整。

2. 归烫前片臀部外侧线。以挺缝线为分界线，摊平臀部外侧线，左手将面料的横向丝缕往挺缝线方向推，此时外侧线旁会出现褶皱，需要用熨斗尖头部位将其归烫平整。

3. 整理纵向丝缕，归烫前片腰部吃势量。双手整理立面的丝缕后，将裤腰方向朝里，并摊平局部区域，左手从裤腰线起将面料的横向丝缕往小腹方向推，此时裤腰线旁会出现褶皱，需要用熨斗将其归烫平整。

4. 整理裆下内侧线的横向丝缕。在完成前片胯部、小腹等部位的熨烫塑型后，还需整理前窿门上的褶皱并将其归烫平整，同时在不影响前裆底部斜丝缕的前提下，将图片中双手触碰部位的丝缕熨烫顺直。

5. 整烫前窿门。前窿门分前中心线和弯裆区域，归拢弯裆区域，并保持前中心线面料丝缕挺直，使前窿门形似字母 J，其造型需与已归烫好的门襟拉链造型相匹配。

三、前裤片裤腿立面塑型

1. 完成平面状态下的前裤片归拔熨烫后，以挺缝线为中心线将前裤片对折，根据小腿肌肉形态进行裤腿的立面熨烫塑型，整理和归正脚口的丝缕。

提示：在塑造前裤片脚口形态时，不要将挺缝线烫死。

2. 根据大腿肌肉形态拔烫前裤片大腿区域，同时归正外侧线形态。

提示：在塑造裤腿形态时，需确保面料丝缕顺直。

3. 完成裤腿立面塑型后，需用金属压板压住前裤片，待其冷却定型。

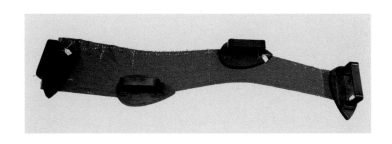

四、后裤片内外侧线归拔熨烫

1. 将后裤片平摊在烫台上，裤片的内侧线朝里，以挺缝线为分界线，熨烫裤片小腿区域，左手从内侧线起将面料横向丝缕往挺缝线方向推，此时内侧线旁会出现褶皱，需要用熨斗将其归烫平整。

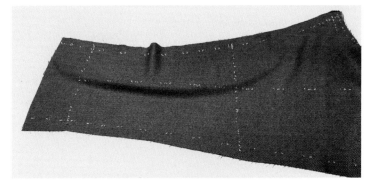

2. 完成内侧线塑型后，按同样方法熨烫外侧线，使裤片小腿部位产生具有肌肉感的立面效果。

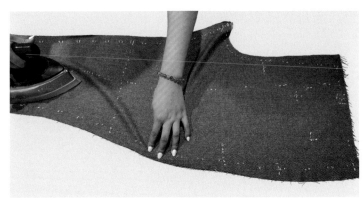

五、后裤片臀部塑型

1. 臀部塑型不单是将臀型归拔出来，还需同时归拢臀根，拔烫臀根下的内外侧缝线，使其贴合腿部的形状，其原理是通过拔烫工艺使臀根下的内外侧线更长。有两种方法：（1）分别拔长两条侧缝线；（2）分别从挺缝线起将横向丝缕往两边的侧缝线推。两种方法最终都能熨烫出臀根下部的裤片贴合腿部的立面效果。

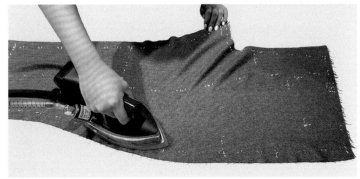

2. 将熨斗移至臀部，进行熨烫塑型。臀部裤片的熨烫方法与塑造小腿部位立面形态的方法相同，除了从外侧线和后中心线将面料横向丝缕往挺缝线方向推之外，还要从后腰线将横向丝缕往臀部方向推。

六、后片裤腿立面塑型

1. 完成平面状态下的后裤片归拔熨烫后，以挺缝线为中心线将后裤片对折，进行裤腿的立面熨烫塑型，整理和归正脚口的丝缕。

2. 根据大腿肌肉的形态拔烫后裤片大腿区域，同时归正外侧线形态。此时不要用熨斗的整个底面熨烫，以防挺缝线太过僵直。

3.完成裤腿立面塑型后，需用金属压板压住后裤片，待其冷却定型。

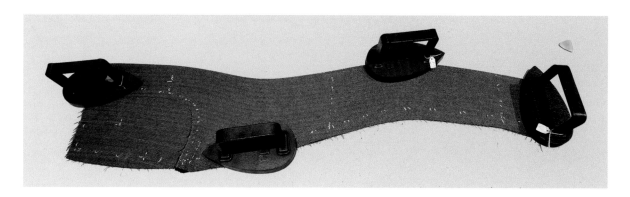

七、查验裤片熨烫塑型效果

沿挺缝线折叠前、后裤片，并将其拼合之后置于台面上，检视归拔熨烫塑型效果。归拔质量上乘的裤片造型特点是：前裤片的挺缝线展现出大腿的肌肉感和腹部的立体造型，后裤片的挺缝线展现出小腿的肌肉感和臀部的立体造型。

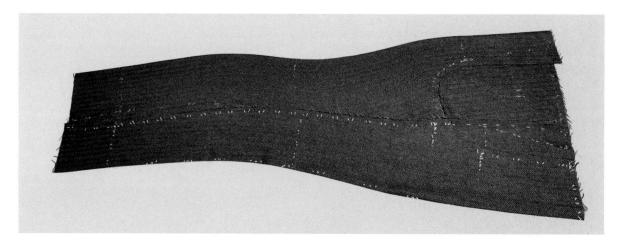

提示：经过归拔熨烫塑型后，裤片腰部和脚口线的形态会发生变化，在后续制作前需要重新修整。

裤子毛样部件制作准备

一、腰头制作

1. 材料复查。取出尚未精裁的零料，确定面料的正反面和丝缕方向。图片中的面料上已经标出腰头的丝缕方向，标有划粉线的一面为面料反面。

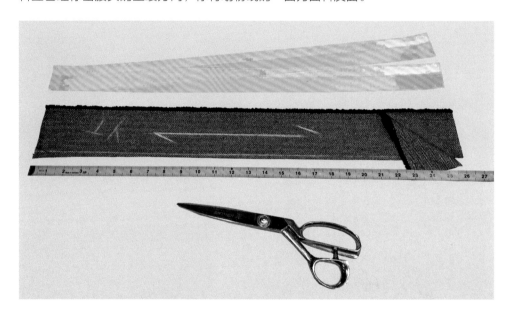

2. 腰头裁剪。腰头由两片腰面和两片腰衬组成，先将四片裁片叠在一起，用划粉标出 1/2 腰围尺寸，再在各片的后中心线上留出 4cm 的放量，前腰头的里襟端留 1cm 的缝份量，门襟端需根据裤腰叠门量再加放 1cm 的缝份量。

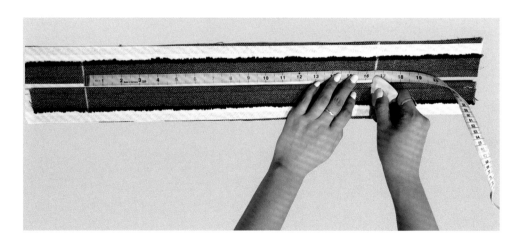

3. 缝合腰面和腰衬。先在腰面的上口端画出 1cm 的缝份量，再将腰衬的 0.9cm 量的边垫在腰面 1cm 的缝份下面，车缝线压在腰面与腰衬重叠部分的中间位置，并将门襟端封口。

4. 翻折腰头。沿着被车缝住的腰衬上口端，将腰面翻折到正面，对面料和衬的里外匀形态进行塑型，此环节需要手工缝制立面造型。

二、前窿门塑型及制作

1. 根据顾客习惯修剪左右片前窿门。此定制顾客要求左边小，因此左前片的窿门需修剪去 1cm。

2. 里襟料的裁剪。确定面料的正反面后，将里襟料拼搭在平摊于台面上的前裤片中心线上，先调整和确定丝缕方向，再根据前中心线和窿门尺寸，用划粉画出相匹配的里襟形态。

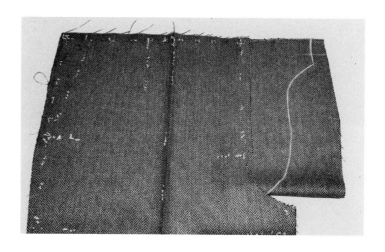

3. 门襟贴料的裁剪。确定面料的正反面后，将门襟贴料拼搭在平摊于台面上的另一边前裤片中心线上，在确定丝缕方向后，翻起前中心线上的缝份量，用划粉画出门襟贴形态。

4. 在裁剪好的里襟和门襟贴反面画上划粉线，方便使用时识别面料正反面。

三、拉链的塑型

1. 比对拉链下端与前窿门弯裆的弧度，直线段的长度需根据裤子前中心线的长度而定，制作毛样时，如果拉链太长，可以将多余长度留在腰头上（待精工艺制作时再处理）。

2. 对拉链下端进行归烫塑型，使其与前窿门的弧度相匹配。

裤子毛样制作流程

一、手针固定外侧线

1. 前后裤片外侧线对位

将放量少的前裤片置于放量多的后裤片上，将前后裤片外侧线的臀围和膝盖位置的线钉对位并理顺丝缕。

2. 固定前后裤片外侧线

用手工平针缝制固定前后裤片外侧线。在对位点之间的线段上缝制时，需注意有微量吃势和无吃势段的不同操作手势。

3. 检查外侧线的整体形态

将已经完成外侧线的裤片平摊于台面上，前片朝上，观察上下两层裤片的纵横丝缕。

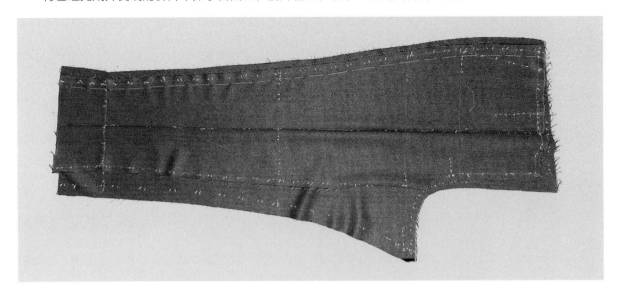

二、左右褶裥和省位制作

1. 制作前片活褶

将前片活褶区域平摊于台面上，以挺缝线为中心塑造立面效果，核对活褶位置（因裤片已经过拔烫，原活褶位置会有微量变化），用划粉重新绘制褶裥形态，再以手工平针作基础固定。

2. 制作后省

将后片省位区域平摊于台面上，以挺缝线为中心塑造立面效果，核对省位，用划粉重新绘制后省形态，再以手工平针作基础固定。

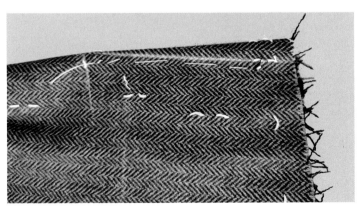

三、后省和外侧线车缝

1. 车缝前的准备工作

将缝纫机的针距调整为 4~5 针/2.5cm。为了方便试样后拆解裤片，针距不宜过密。

2. 车缝前后裤片外侧线

车缝前后裤片外侧线时，必须将前裤片置于后裤片上方，在外侧线的线钉位置向内收进1cm处进行车缝。

3. 车缝后省

车缝后省时，针距同样为 4~5 针/2.5cm，车缝位置必须落在重新绘制的划粉线上。车缝至省尖收尾处，不必用回针加固，需留出 2cm 左右的线头，方便试样后拆线。

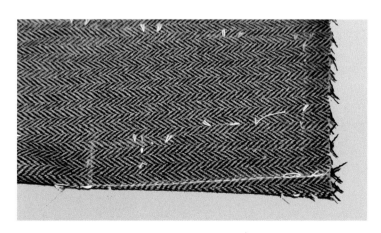

四、前门襟拉链制作

1.门襟贴制作前的立面塑型

将前裤片的门襟部位平摊于台面上，使缝制区域的周边呈立面状态。同时核对已经裁剪好的门襟贴与门襟部位的面料丝缕，并用划粉确定缝制位置和里外匀量，然后用手工平针进行假缝，固定立面形态。

2.立面上的局部车缝

将门襟贴的正面对裤片的正面，在门襟贴的划粉线上进行车缝。车缝时注意已存在的里外匀量和弧线的形态，不可出现断线现象。

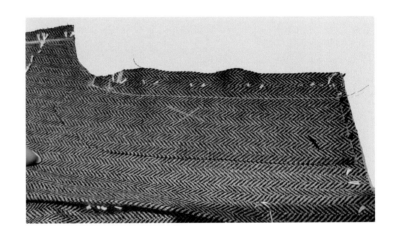

3.塑造门襟的立面形态

为了使里外匀量呈现立面效果，需将车缝完的1cm缝份倒向门襟贴的一边，并和门襟贴一起车缝固定。

4. 里襟和拉链的立面塑型

先将拉链下端的弧度与里襟作归拔处理，塑造弧线效果，使两者的形态和收缩率相互匹配，再用手工针作基础固定，然后车缝在一起。

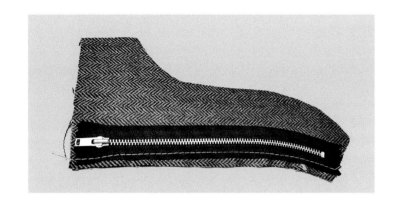

5. 立面缝制里襟

以前裤片门襟上的弧线部位为基准，匹配里襟弧线段，并整理裤片和里襟的面料丝缕，将带有拉链的里襟缝制到裤片上去。

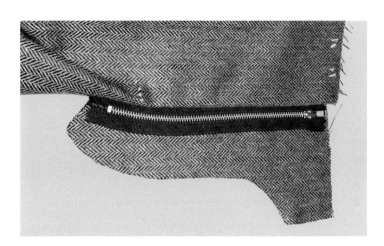

6. 门襟和里襟的合并缝制

将里襟上拉链的另一边缝制到门襟贴上。将门襟贴和里襟在正面塑造好立面形态，并确定丝缕方向和缝制位置后，先用手工针在反面缝制，固定其基本形态，然后进行车缝加固。制作时，需在局部区域加入立面塑型手势。

五、前窿门塑型合缝

1. 完成前门襟拉链制作后，进行前窿门的合缝。车缝前窿门的弧线段时，需确保门襟拉链的立面形态顺畅。工艺方法是：先进行立面塑型，并用手工基础针固定，然后进行车缝加固，需在局部区域加入立面塑型手势。

2. 完成前窿门的缝制后，将裤片翻至拉链门襟的正面朝上，将拉链与前窿门弧线的交界处平摊于台面上，用套结线手工加固交界点。

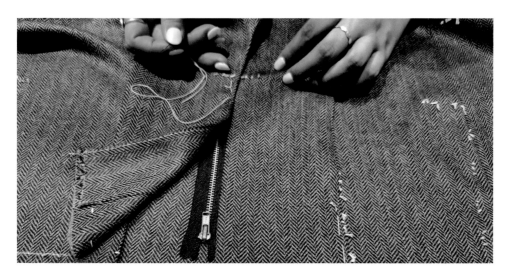

六、腰头造型及制作

　　手工高级定制毛样裤子的腰头是分左、右两侧分别缝制的。将一边裤片的裤腰和腰头平摊于台面上，先确定裤腰上口边的缝份位置，然后复核 1/2 的腰头尺寸。

提示：将毛样腰围尺寸二等分，在腰头上除去门襟叠门量后，再复核 1/2 腰围尺寸，并将腰头长的放量留在后中缝线处。

　　裤片腰臀部位需纳入吃势量，通常将其分为前片和后片两个部分，核定吃势量后用划粉在腰头上标记前后片的腰围尺寸。

　　腰头立面塑型后，先用手工基础针假缝固定，然后进行局部区域的立面车缝，车缝时需将腰头置于裤片上方。

　　熨烫时，将裤腰置于木架袖烫台上，将有放量的裤腰上口边向里腰烫倒，同时将腰部的吃势量归烫平整，使腰头呈现立面效果。

七、前后裤片内侧线的缝合

先将前后裤片膝盖和脚口位置的线钉对位，并确定局部区域的微量吃势，用珠针别住对位点，然后用手工基础针固定造型，最后将前片置于后片上方，在内侧线的线钉向内收进1cm处进行车缝。

八、后窿门的塑型及制作

后窿门合缝前，需将左右腰头合并，对照腰头的毛样需求尺寸确定后窿门腰点位。缝制前，先画顺后中心斜线形态，再画顺后窿门弧线形态，并理顺丝缕，用手工基础针绷缝固定，然后进行局部线段的立面车缝。

九、脚口塑型及制作

1. 确定前后裤脚口位置。将裤子平摊于台面上，复核内侧线和外侧线的毛样需求尺寸，然后根据翻脚边的形态制作脚口造型。

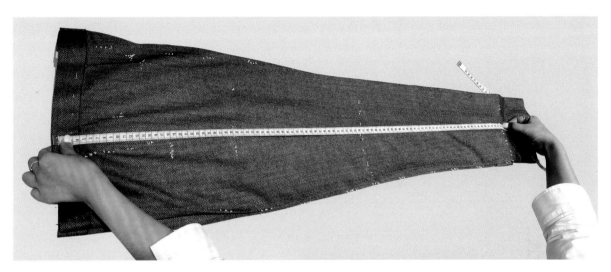

2. 裤脚口的翻脚边通常需要留有 13cm 左右的翻折量及放量，翻折造型要有尽量大的前后落差。

提示：具体落差量还需要根据面料的可归拔程度来确定。

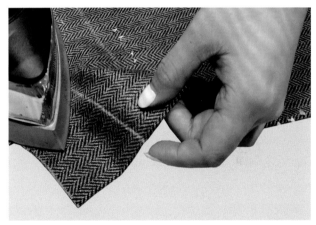

3. 翻脚边的外翻边通常宽 3~5cm，具体可根据裤脚口的大小作适当调整。

十、整烫毛样检视造型

1. 裤钩和裤挂的手工缝制

用与打线钉相同的棉线和粗长手工针，以双股线按照顾客需要的裤腰尺寸在面料上钉缝裤钩和裤挂，并整烫出内腰和拉链部位、内门襟凹势的立面形态。

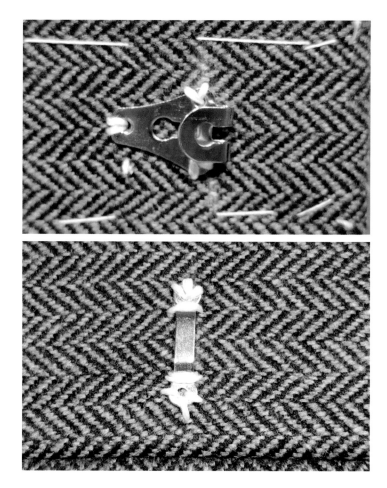

2. 整烫裤腰

将一只裤脚口的内外侧缝线对点，使一条裤腿平摊于台面上，整理小腿、大腿、臀部、小腹、胯部等凸出部位的形态并再次整烫，用金属压板压住裤片，静置十分钟以上，待其冷却定型。用相同的方法整烫另一条裤腿。

3.局部细节整烫

可将裤子套在木架烫台上，在裤子腰部完全处于立面的状态下，用熨斗前端的局部面触烫裤褶、口袋、门襟拉链等细节部位。

4.动态检视

用双手将裤子撑开，提至高于裤长的位置，双手手指张开，手腕下挂，模拟人体腰部截面形态撑开裤腰。以观察者的视觉高度恰好能挡住自身的双腿为宜，双手转动裤子，从正面、侧面、背面检视裤子的整体效果和局部细节。

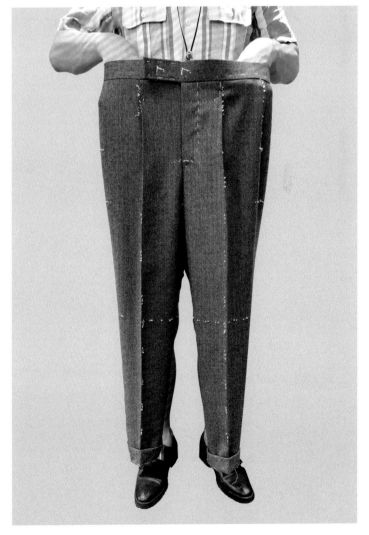

后 记

　　服装手工高级定制是建立在不同时代、不同国家的不同顾客生活方式需求上的定制服务，是一项与时俱进的技术服务，即需要传承，又需要创新。所谓他山之石，可以攻玉，文中所述的服装高级定制技术，是本人数十年从业经验的总结，也是对红帮裁缝技术的传承，以及对英国萨维尔街英式高级定制服装技艺的借鉴与创新。

　　我很幸运，一路走来得到许多学者、专家的帮助和指点，借此机会我真诚地感谢浙江理工大学邹奉元老师、鲍卫君老师、胡蕾老师、宁波大学昂热大学联合学院许才国老师、红帮专家陈万丰老师、摄影专家程庆元老师，以及本人英国手工高级定制工作室的名师 Henry Francis Humphreys、Andrew Chen，同时感谢本人服装定制技能大师工作室的骨干成员：程庆元、沈晨、吴国华、陆斌、李麟卉、沈曦、徐子纯，以及东华大学出版社领导和编辑老师们对于本书出版的重视和支持。

参考文献

[1] 许才国，鲁兴海. 高级定制服装概论 [M]. 上海：东华大学出版社，2009.

[2] 克莱尔·B. 谢弗. 服装高级定制：高级女装制作技术精解 [M]. 王俊，译. 上海：东华大学出版社，2018.

[3] 克莱尔·B. 谢弗. 服装高级定制：CHANEL 高级女装制作技术解密（上装）[M]. 王俊，朱奕，译. 上海：东华大学出版社，2018.

[4] 陈万丰. 中国红帮裁缝发展史 [M]. 上海：东华大学出版社，2007.